Moderation

Dr. Andreas Edmüller
Dr. Thomas Wilhelm

5. Auflage

HAUFE.

Inhalt

Vorwort

Ärgern Sie sich öfter über Zeitverschwendung in Arbeitssitzungen? Haben Sie manchmal den Eindruck, dass in Workshops zwar viel geredet, aber wenig erreicht wird? Möchten Sie unkomplizierte, handfeste Tipps und Anregungen, wie man es besser machen kann?

Dieser TaschenGuide zeigt Ihnen, wie man moderierte Arbeitssitzungen professionell vorbereitet, durchführt und abschließt. Er beschreibt, welche Kernaufgaben ein Moderator hat, mit welchen Werkzeugen er eine Arbeitsgruppe unterstützen kann, wie man Ergebnisse und deren Umsetzung sichert, und wie man als Moderator schwierige Situationen meistert.

Der Schwerpunkt liegt auf praxisnahen Vorgehensweisen, die auch dann leicht umsetzbar sind, wenn Sie nur gelegentlich Arbeitsgruppen leiten.

Dr. Andreas Edmüller und Dr. Thomas Wilhelm

Worauf es bei der Moderation ankommt

Die Arbeit in Gruppen ist heute unverzichtbar, denn die Aufgaben sind so komplex geworden, dass die Kapazität und Kompetenz des Einzelnen häufig nicht mehr ausreichen, um optimale Ergebnisse zu erzielen. Doch auch Teamarbeit muss effizient organisiert werden. Lesen Sie hier

- wie Moderation dazu beiträgt (S. 6)
- in welchen Situationen Moderation sinnvoll ist (S. 8)
- welche Aufgaben der Moderator übernimmt (S. 12 ff.).

Was Moderation bringt

Wer hat sich nicht schon über zähe Sitzungen geärgert, die am Ende weder Information geliefert noch Ergebnisse gebracht haben? Moderation trägt dazu bei, die gesteckten Ziele mit möglichst geringem Aufwand zu erreichen und Ressourcen wie Kreativität, Engagement oder Arbeitszeit optimal zu nutzen.

Die Grundidee der Moderation

Die Arbeitsweise der Moderation ist

- systematisch
  Die einzelnen Arbeitsschritte folgen logisch aufeinander.
- strukturiert
  Jeder Arbeitsabschnitt ist in sich sinnvoll gegliedert.
- offen
  Manipulation jeder Art ist ausgeschlossen.

Eine solche Zusammenarbeit macht Spaß. Und Arbeit, die Spaß macht, führt auch zu guten Ergebnissen.

> Moderation ist eine systematische, strukturierte und offene Vorgehensweise, um Arbeitssitzungen (Workshops, Besprechungen, Meetings, Qualitätszirkel, Teamsitzungen etc.) effizient vorzubereiten, zu leiten und nachzubereiten..

Die Moderation von Sitzungen hat viele weitere Vorteile:

- die Teilnehmer konzentrieren sich auf die Inhalte,
- die Ergebnisse werden transparent,

- die Unternehmenskultur verbessert sich,
- die Motivation steigt.

Man konzentriert sich auf die Inhalte

Eine professionelle Moderation kann die Qualität der Arbeitsergebnisse messbar erhöhen. Denn die Unterstützung durch den Moderator ermöglicht es den Teilnehmern, sich ganz auf die inhaltlichen Aspekte des Themas der Arbeitssitzung zu konzentrieren und ihr Fachwissen unbelastet von anderen Aufgaben einzubringen.

Die Ergebnisse werden transparent

Ein weiterer wichtiger Effekt: Gemeinsam erarbeitete Ergebnisse (Ziele, Handlungspläne, Entscheidungen etc.) werden auch motivierter umgesetzt. Denn wer eine Entscheidung mit erarbeitet und mitgestaltet hat, versteht sie wesentlich besser, als derjenige, der nur darüber informiert wird. Missverständnisse – die oft die Umsetzung von Zielen behindern – werden in einer Gruppe, in der jeder systematisch einbezogen ist, schnell offenkundig und können ausgeräumt werden. Schließlich wird kein Teilnehmer einer richtig moderierten Sitzung befürchten, bei wichtigen Entscheidungen bzw. Planungen übergangen zu werden.

Die Unternehmenskultur verbessert sich

Professionelle Moderation kann mittel- und langfristig die Argumentations- und Kommunikationskultur und damit die Zusammenarbeit in einem Team oder im Unternehmen entscheidend verbessern. Der Erfolg richtig moderierter Arbeitssitzungen wirkt motivierend für die weitere Zusammenarbeit in Gruppen und erhöht die Fähigkeit und den Willen, andere Sichtweisen zu erkennen, zu akzeptieren und sie zu nutzen. (Fach-)Wissen und Informationen werden bereitwilliger ausgetauscht und eingesetzt. Im Rahmen moderierter Arbeitssitzungen werden oft auch informelle Kontakte aufgebaut, die im Unternehmensalltag „Gold wert" sein können.

Die Motivation steigt

Ziel der Moderation ist nicht zuletzt, typische Motivationskiller auszuschalten. Allzu oft werden Arbeitssitzungen durch Chefmonologe und einsame Chefentscheidungen, permanente Soloauftritte redebegeisterter Mitarbeiter, Verzetteln und Abschweifen vom Thema, unsachliche Diskussionsformen wie persönliche Angriffe und mehrstündiges Rundum-Palaver ohne greifbare Ergebnisse langweilig und ineffizient. Ein guter Moderator kann hier wirksam eingreifen und eine kreative und offene Diskussion etablieren.

Wann Sie Moderation einsetzen sollten

Wo immer mehrere Personen zusammen ein Ziel erreichen wollen, ob in Teamarbeit, Projektgruppen, Qualitätszirkeln oder anderem, ist Moderation gefragt. Die Bedeutung kompetenter Moderatoren für ein Unternehmen kann deshalb gar nicht hoch genug eingeschätzt werden.

Typische Anlässe für eine Moderation sind Situationen, in denen ein Team oder eine Gruppe gemeinsam ein Resultat erarbeiten soll. Hier einige typische Beispiele:

- Eine Gruppe wird über ein neues Projekt, neue Strukturen oder Entscheidungen informiert und erhält Gelegenheit zur Diskussion.
- Ein Qualitätszirkel möchte ein Problem analysieren, verstehen und dauerhaft lösen.
- Ein Auftrag an ein DV-Projektteam soll präzisiert und als realistisches Zielsystem mit Zeit- und Arbeitsplanung ausformuliert werden.
- Ein Team möchte die Verteilung der Arbeitsaufträge in einem Projekt festlegen.
- Ein Team will eine wichtige Entscheidung diskutieren, treffen und umsetzen.
- Eine Gruppe möchte Ideen zu einer offenen Frage sammeln, zusammenfassen, gewichten und daraus eine Entscheidungsvorlage erarbeiten.
- Zwei Abteilungen sollen eine Lösung für einen schon lange zwischen ihnen schwelenden Konflikt finden.
- Eine Gruppe von Abteilungsleitern will die Ursachen typischer Schnittstellenprobleme erkennen und dauerhaft beseitigen.
- Eine Gruppe von Führungskräften der mittleren und höheren Ebenen möchte die Jahresstrategie für ihren Unternehmensbereich ausarbeiten.

Welche Rahmenbedingungen Moderation braucht

Moderation ist weder Patentrezept noch Zaubermittel. Moderation ist eine bestimmte Arbeitsweise, mit der Sie einem Team oder einer Gruppe anbieten, Energien und Ideen systematisch in den Dienst einer gemeinsamen Sache zu stellen.

Dazu benötigen Sie bestimmte Rahmenbedingungen. Die wichtigste Voraussetzung ist eine von Glaubwürdigkeit und Vertrauen geprägte Führungs- und Kommunikationskultur. Das heißt konkret:

- Die Mitarbeiter müssen vollständig und offen über Anlass, Ziele, Hintergrund, Erfolgserwartung und Nutzen ihrer Arbeit informiert werden.
- Alle wichtigen Informationen müssen den Mitarbeitern zugänglich sein bzw. zugänglich gemacht werden.
- Die Zusammenarbeit und Kommunikation im Moderationsprozess darf durch Hierarchien weder gehemmt noch blockiert werden. Der freie und offene Meinungsaustausch muss gewährleistet sein.
- Bei der Zusammenarbeit und in der Umsetzungsphase steht die Qualität der Argumente im Mittelpunkt, nicht die „hierarchische Wertigkeit" von Personen.
- Es gilt das Gebot der Vertraulichkeit: Was gesagt wird, bleibt prinzipiell im Moderationsraum.

Das folgende Beispiel wird Ihnen veranschaulichen, was passiert, wenn die Rahmenbedingungen nicht stimmen:

Beispiel

Die Situation: Herr Huber, Chef der Zahnradfabrik Huber, will sich vom Abteilungsleiter Werner während seines vierwöchigen Urlaubs vertreten lassen. Er versteht sich mit Herrn Werner persönlich gut und hält ihn für entscheidungsfreudig. Herr Werner kennt die wichtigsten Vorgänge in der Firma. Herr Huber will ihn auch als Mentor seines Sohnes einsetzen, der bald als Juniorchef in die Firma kommen wird.

Das Problem: Herr Werner ist schon öfter bei seinen Kollegen auf Abteilungsleiterebene angeeckt. Den meisten gilt er als zu forsch, egozentrisch und uneinsichtig.

Die Sitzung: Um sicherzustellen, dass während seiner Abwesenheit keine Konflikte unter den Abteilungsleitern entstehen, möchte Herr Huber nicht einfach bestimmen, wer ihn vertreten soll. Deshalb bietet er seinen Abteilungsleitern im Rahmen einer Sitzung an, eine gemeinsame Entscheidung über seine Vertretung zu treffen. Gleich zu Beginn sagt er, dass er sich Herrn Werner als Vertretung sehr gut vorstellen könne und übernimmt dann selbst die Diskussionsleitung. Er geht davon aus, dass sich die Abteilungsleiter seiner klar formulierten Meinung anschließen.

Doch die Gruppe möchte nicht Herrn Werner, sondern Frau Karsten als Vertreterin des Chefs sehen, da Frau Karsten die „dienstälteste" Abteilungsleiterin ist und die Firma in- und auswendig kennt. Außerdem genießt sie Respekt und das Vertrauen ihrer Kollegen und Mitarbeiter – und sie ist mit fast allen Stammkunden bestens bekannt.

Herr Huber ist damit jedoch keineswegs einverstanden: Schließlich ist er hier der Chef und hat auch deutlich gesagt, welche Lösung er vorzieht. Er beendet die Diskussion mit dem Hinweis, dass er den Vorschlag der Abteilungsleiter zwar zur Kenntnis nehme, aber weiter davon überzeugt ist, Herr Werner sei der beste Stellvertreter – selbstverständlich ohne Frau Karsten zu nahe treten zu wollen. Herr Huber überträgt die Stellvertretung also wie geplant Herrn Werner.

Das Resultat:

Frau Karsten ist verärgert (Warum nicht ich?).

Die Abteilungsleiter sind verärgert (Warum lässt er uns erst Argumente zusammentragen, wenn er dann sowieso nur das tut, was er ohnehin schon wollte? Der Chef erwartet von uns nicht unsere ehrliche Meinung, sondern will, dass wir seine vorgefasste Meinung erraten und bestätigen.).

Herr Werner ist verunsichert. (Das werde ich wohl zu spüren bekommen, dass mich niemand als Stellvertreter wollte.)

Vor dem Hintergrund dieser „Unternehmenskultur" kann Moderation nicht funktionieren.

Welche Rolle Sie als Moderator haben

Ein Moderator sollte sich als Dienstleister verstehen. Er unterstützt die Gruppe dabei, ihre Ziele zu finden und effizient zu erreichen. Ein Moderator kann von außen für eine Sitzung engagiert werden, es können aber auch Mitarbeiter des eigenen Unternehmens gebeten werden, eine Moderation zu übernehmen.

Welche Einstellung sollte ein Moderator mitbringen? Ideal wäre die Verbindung von optimistischer Gelassenheit mit durchsetzungsfähiger Toleranz. Wichtiger als jedes Ideal sind aber Ehrlichkeit und Offenheit. Diese Eigenschaften sind die Basis für Glaubwürdigkeit und Vertrauen. Wenn Sie als Moderator glaubwürdig sind und das Vertrauen der Teilnehmer genießen, „dürfen" Sie Fehler machen, Ecken und Kanten zeigen – und werden „trotzdem" (besser: gerade deshalb!) mit schwierigen Situationen fertig.

Also: Seien Sie Sie selbst, spielen Sie keine Rolle, denn Authentizität ist die Grundvoraussetzung für eine erfolgreiche Moderation.

Was gehört zu Ihren Aufgaben?

Normalerweise übernehmen Sie als Moderator Vorbereitung, Leitung und Nachbereitung einer Arbeitssitzung. Die Gruppe sollte von allen Fragen zu Organisation, arbeitstechnisch-methodischem Vorgehen und zur Ergebnissicherung der Arbeitssitzung entlastet sein.

Als Moderator haben Sie folgende Aufgaben:

Checkliste: Aufgaben des Moderators

Aufgaben	☐
▪ Stellen Sie sicher, dass alle wichtigen Personen rechtzeitig zur Arbeitssitzung eingeladen und über deren Sinn, Zweck und Themen informiert werden.	
▪ Entwickeln Sie eine Strategie zur Vorgehensweise in der Arbeitssitzung (Zeit- und Arbeitsplan).	
▪ Überlegen Sie sich Methoden, die der Gruppe entsprechend der Zielsetzung der Arbeitssitzung helfen, das Ziel zu erreichen bzw. die Strategie umzusetzen.	
▪ Achten Sie darauf, dass bei der Zusammenarbeit alle Teilnehmer gehört und berücksichtigt werden und niemand die Gruppe unfair dominiert.	

Aufgaben	☐
▪ Stellen Sie durch Strategie- und Methodenwahl sicher, dass alle Teilnehmer aktiv mitarbeiten können.	
▪ Schützen Sie jeden Teilnehmer vor unfairen Angriffen.	
▪ Erklären Sie vor jedem Arbeitsschritt das Vorgehen und das Ziel.	
▪ Strukturieren und leiten Sie die Diskussionen.	
▪ Unterstützen Sie das Team bei der Überwindung von Schwierigkeiten, Konflikten und Blockaden.	
▪ Bemühen Sie sich um Neutralität und vermeiden Sie im Normalfall, die Beiträge der Teilnehmer zu bewerten oder zu kommentieren.	
▪ Stellen Sie sicher, dass die Ergebnisse adäquat protokolliert und schnell an alle Beteiligten bzw. Betroffenen weitergeleitet werden.	

Freilich sind Sie nicht nur der Arbeitsgruppe gegenüber verpflichtet, sondern müssen auch die Interessen des Auftraggebers beachten – Auftraggeber ist, wer die Arbeitsgruppe ins Leben gerufen hat. Moderation ist eine Investition von Zeit, Energie und Geld. Stellen Sie also für Ihren Auftraggeber sicher, dass die investierte Zeit und Energie der Gruppenmitglieder bestmöglich genutzt wird bzw. die vereinbarten Ziele des Moderationsprozesses möglichst effizient erreicht werden.

Bei allen Regeln, Leitfragen und Tipps, die wir Ihnen vorschlagen, gilt: Sie sollen Ihnen eine Vorstellung von dem geben, was Ihre Tätigkeit umfassen kann, und Sie unterstützen, wo immer Sie dies wollen. Feste, unumstößliche Regeln für die Moderation dürfen Sie nicht erwarten. Diese können und wollen wir Ihnen auch nicht geben. Denn es gibt keine festen Regeln, da Menschen und Situationen viel zu unterschiedlich sind.

> Bitte denken Sie daran: Alles, was Sie als Moderator tun, sollten Sie zwanglos und souverän tun, und das können Sie nur mit Methoden, die Ihrer Art zu moderieren entsprechen und die Sie für richtig halten.

Was Moderation nicht ist

- Eine Methode zur Absegnung bereits (heimlich „von oben") getroffener Entscheidungen.
- Eine Kuschel- oder Therapietechnik zur Stärkung des Teamfeelings.
- Eine Manipulationsmethode, um ein Team „aufs richtige Gleis zu bringen".
- Eine Gelegenheit zur Selbstdarstellung von Moderatoren.
- Eine Durchsetzungs- oder Überzeugungstechnik für bzw. gegen „widerspenstige" Teams.
- Ein Universalmittel. Es gibt viele Situationen, in denen eine moderierte Entscheidungsfindung falsch wäre.
  Beispiele dafür sind diverse Personalentscheidungen, viele wichtige Entscheidungen unter Zeitdruck, Entscheidungen

mit solcher Tragweite, dass Sie die Verantwortung eines Teams bzw. seiner Mitglieder übersteigen oder schwerwiegende Entscheidungen, für die eine Einzelperson juristisch bzw. moralisch verantwortlich ist.

> Moderation ist also kein Selbstzweck, sondern vielmehr ein Mittel, um definierte Ziele auf einem bestimmten Weg zu erreichen.

Eine Moderation vorbereiten

Alle Dinge gelingen, wenn sie vorbereitet sind,
und misslingen, wenn sie nicht vorbereitet sind.

(Konfuzius)

Wesentliche Voraussetzung für den Erfolg einer Arbeitssitzung (Workshop, Besprechung, Meeting, Qualitätszirkel, Teamsitzung etc.) ist eine gründliche Vorbereitung. Davon handelt das folgende Kapitel. Sie erfahren

- wie Sie die geeigneten Teilnehmer auswählen (S. 19)
- wie Sie Anlass und Ziel der Sitzung korrekt ermitteln (S. 22)
- wie Sie alle zur Gestaltung erforderlichen Mittel organisieren (S. 25)
- wie eine korrekte Einladung aussieht (S. 27)

Warum die Vorbereitung so wichtig ist

Eine effiziente Arbeitssitzung beginnt mit der optimalen Vorbereitung. Diese erste Phase ist wichtig, weil sie unverzichtbare Informationen zum Hintergrund, zu den Teilnehmern und für die Planung der Arbeitssitzung liefert. Als Moderator sollten Sie sich deshalb schon vor Ihrem Einsatz über folgende Aspekte Gedanken machen:

- Wer nimmt teil, und worauf muss ich besonders aufpassen? (Adressatenanalyse)
- Worum geht es, und welches Ergebnis wollen wir erarbeiten? (Anlass, Auftrag, Ziele und Inhalte der Arbeitssitzung)
- Welche Schritte führen uns zum Ziel der Sitzung, zum angestrebten Ergebnis? (Gestaltung der Arbeitssitzung)
- Welche Arbeitsmittel brauchen wir? Müssen Räume, Übernachtungsmöglichkeiten etc. bestellt werden? (Organisation und Logistik)
- Wer sollte teilnehmen, und wie informiere ich die Teilnehmer? (Einladung)

Im Idealfall setzen Sie sich in der Vorbereitungsphase in Einzelgesprächen mit dem Auftraggeber und einigen repräsentativen Mitgliedern der Arbeitsgruppe zusammen. Ist das nicht möglich, müssen die wichtigsten Fragen gleich zu Beginn der Arbeitssitzung gemeinsam gestellt und beantwortet werden.

Die folgenden Fragelisten zeigen Ihnen, wonach es sich im Rahmen der Vorbereitung zu fragen lohnt. Im Einzelfall kann es natürlich sein, dass einige Fragen wegfallen, dafür aber andere wichtig werden, die zusätzlich gestellt werden müssen.

Wer nimmt teil? – Die Adressatenanalyse

Je mehr Sie über die Teilnehmer und deren Hintergrund wissen, desto besser können Sie Ihre Moderation auf die Gruppe abstimmen. Achten Sie aber unbedingt darauf, dass Sie keine Wertungen aus den Informationen ableiten, die Sie bei Ihrer Arbeit als neutraler Moderator nur behindern würden.

Mit der folgenden Checkliste können Sie die wichtigsten Informationen zu den Teilnehmern zusammentragen:

Checkliste: Adressatenanalyse

- Wer sind die Teilnehmer?

  ____

- Wie gut kennen sich die Teilnehmer untereinander?

  ____

- Welchen beruflichen/fachlichen Hintergrund haben sie?

  ____

- Welches Vorwissen/Fachkenntnisse bringen die einzelnen Teilnehmer mit?
  ___
- Welche Hierarchieverhältnisse herrschen in der Gruppe?
  ___
- Welche Stellung nimmt die Gruppe im Gesamtunternehmen ein?
  ___
- Welche Erfahrungen zur gemeinsamen Arbeit/Moderation bringen die Teilnehmer mit?
  ___
- Wie ist der Informationsstand der Teilnehmer?
  ___
- Welche Einstellung haben die Teilnehmer zum Arbeitsauftrag/zur Arbeitssitzung?
  ___
- Welche Einstellung haben die Teilnehmer zum Moderator und zur moderierten Arbeitsweise?
  ___

Im folgenden Beispiel können Sie sehen, welche Auswirkungen es haben kann, wenn die Adressatenanalyse nur lückenhaft durchgeführt wurde.

Beispiel

Die Situation: Frau Simon wird von Abteilungsleiter Winter gebeten, ein Konfliktgespräch zwischen ihm und seinem Stellvertreter, Herrn Huber, zu moderieren. Frau Simon wird in ihrem Unternehmensbereich gerne als Moderatorin für Konflikte herangezogen. Es gelingt ihr meistens sehr schnell, Vertrauen zu den Konfliktparteien aufzubauen und diese bei der Lösungsfindung zu unterstützen.

In der Vorbereitungsphase erkennt Frau Simon in Gesprächen mit Herrn Winter und Herrn Huber, dass die Situation keineswegs aussichtslos ist und sieht schon mehrere realistische Lösungsmöglichkeiten. Ihren Optimismus teilt Sie beiden Gesprächspartnern mit, natürlich ohne konkret zu werden.

Im Konfliktgespräch selbst aber verhält sich Herr Huber sehr verschlossen und unkooperativ und leistet nur minimale Beiträge zur Lösungsfindung. Das Gespräch endet ohne greifbare Ergebnisse, die Fronten scheinen sich sogar noch verhärtet zu haben. Frau Simon ist frustriert. Sie kann sich nicht erklären, wie es dazu kam.

Was ist schief gelaufen? – Herr Huber hat bei seinem letzten Arbeitgeber sehr schlechte Erfahrungen mit Moderatoren gemacht. Moderatoren wurden dort als Disziplinierungs- und Durchsetzungskommando eingesetzt. Herr Huber hatte deshalb im Konfliktgespräch Angst, dass Offenheit und Kooperation zu seinem Nachteil ausschlagen könnten. Aus seinem Erfahrungshintergrund heraus hat er das Gespräch mehr oder minder bewusst als Finte des Abteilungsleiters verstanden, der seine Vorstellungen durchsetzen will. Er sah für sich dabei also keine aktive Rolle.

Frau Simon hat sich bei der Adressatenanalyse offenbar stark auf ihren guten Ruf und ihre Vertrauensstellung im Unternehmen verlassen – und darauf, dass moderierte Sitzungen allgemein positiv eingeschätzt werden. Hätte sie daran gedacht, die beiden letzten Fragen der Checkliste zur Adressatenanalyse zu stellen, hätte das Gespräch wahrscheinlich einen konstruktiven Verlauf genommen.

Worum geht es in der Sitzung?

Klären Sie vorab die Erwartungen, die von den Beteiligten an die moderierte Sitzung gestellt werden. Von zentraler Bedeutung ist dabei natürlich der Anlass für die Sitzung und wer welche Ziele damit verfolgt. Sie sollten zusammen mit dem Auftraggeber und den Teilnehmern der Arbeitssitzung den Auftrag präzise bestimmen.

Checkliste: Anlass und Ziel der Sitzung

- Worum geht es überhaupt?

  ____

- Wer hat die Gruppensitzung angeregt bzw. veranlasst?

  ____

- Welcher Anlass besteht für die Gruppensitzung bzw. die Zuziehung eines Moderators?

  ____

- Was verspricht sich der Auftraggeber von der Gruppensitzung bzw. der Moderation?

  ____

- Wie lautet der Auftrag für die Gruppensitzung bzw. das Gesamtprojekt, dessen Teil die Gruppensitzung ist?

  ____

- Warum ist der Auftrag sinnvoll bzw. wichtig?

  ____

- Wer hat an dem Auftrag ein wichtiges Interesse inner- und außerhalb des Unternehmens/Teams?

  ___

- Was ist das Ziel der Arbeitssitzung bzw. des Gesamtprojektes?

  ___

- Handelt es sich um eine Informationsbesprechung, eine Besprechung zur Problemlösung oder Entscheidungsvorbereitung oder um eine andere Besprechung?

  ___

- Warum ist das Ziel sinnvoll und wichtig?

  ___

- Wer hat besonderes Interesse an der Zielerreichung?

  ___

- Weiß ich genug zum Thema, oder muss ich noch etwas in Erfahrung bringen?

  ___

Wie wichtig es ist, Erwartungen abzuklären, zeigt das folgende Beispiel.

Beispiel

Eine Kundenbefragung für die Firma Datatech hat deutliche Mängel im Außendienst aufgedeckt. Die Außendienstmitarbeiter werden zu einer ganztägigen Besprechung mit den jeweiligen Regional- und Abteilungsleitern eingeladen. Herr Müller soll als Moderator die Sitzung leiten.

Er stellt folgendes Tagesprogramm auf: Zunächst wird er den Teilnehmern der Sitzung die Ergebnisse der Kundenbefragung klar und übersichtlich präsentieren, dann soll die Gruppe die Ursachen für die Unzufriedenheit der Kunden herausarbeiten und im dritten Schritt für die wichtigsten Schwachstellen Lösungsansätze entwickeln.

Doch es kommt anders. Herr Müller sieht sich einer Gruppe von Außendienstmitarbeitern gegenüber, die an den Ergebnissen der Befragung gar nicht interessiert sind. Der Hintergrund: Datatech wird in sechs Monaten mit der Firma Computech fusionieren. Man erwartet einschneidende Veränderungen im Außendienst, vermutlich werden Stellen abgebaut, Mitarbeiter versetzt und das Unternehmen umstrukturiert. Die Außendienstmitarbeiter fragen sich natürlich, welchen Sinn die Sitzung angesichts einer solchen Situation hat. In spätestens sechs Monaten „ist sowieso alles anders". Herr Müller hat also eine Arbeitssitzung konzipiert, deren Sinn, Zweck und Nutzen unklar ist. Mit einer sorgfältigeren Vorbereitung hätte er diese Hintergründe erkennen können.

Wie wird eine Arbeitssitzung gestaltet?

Die Gestaltung der Sitzung hängt stark von den Antworten ab, die Sie bei der Adressatenanalyse und der Frage nach Anlass, Inhalt und Ziel der Sitzung erhielten. So werden Sie beispielsweise einer Gruppe mit Teilnehmern, denen wichtige Informationen unbekannt sind, Zeit und Gelegenheit verschaffen, sich diese Informationen anzueignen – z. B. indem Sie einen Expertenvortrag mit Frage- und Diskussionsmöglichkeit organisieren.

Mit Hilfe der folgenden Fragen können Sie die Moderation auf die konkrete Situation gezielt abstimmen:

- Welche Spielregeln schlage ich der Gruppe vor – und welche nicht?
- Wie bestimme und erkläre ich meine Rolle als Moderator?
- Wie strukturiere ich die Arbeitssitzung?
- Wie viel Zeit brauchen wir für die Zielerreichung?
- Wie gestalte ich die einzelnen Arbeitsschritte?

Beispiel

Wenn Sie aus der Adressatenanalyse wissen, dass „Ihre" Gruppe zurzeit sehr unharmonisch ist, könnten Sie gleich zu Beginn relativ klare und bestimmte Spielregeln für den Umgang miteinander einführen, z. B. „Zuhören und ausreden lassen!", „Keine persönlichen Angriffe!".

Organisation und Logistik sorgfältig planen

Die beste Vorbereitung kann zunichte gemacht werden, wenn an die einfachsten Dinge nicht gedacht wurde. Sie werden nur mit Mühe ein konzentriertes Arbeitsklima schaffen können, wenn bei Sitzungsbeginn fehlende Stühle noch langwierig organisiert werden müssen *(Im Speicher oben stehen noch welche. Ich suche mal den Hausmeister, der weiß, wo der Schlüssel ist.)* oder kein Flipchartpapier für die Gruppenarbeit vorhanden ist *(Ich dachte, Sie legen Folien auf. Papier ist aus, aber ich kann gleich jemanden losschicken).*

Folgende Fragen sollten Sie deshalb rechtzeitig beantworten:

Checkliste: Organisation

- Wo soll die Besprechung stattfinden (Ort, Raum)?
- Ist die nötige Ausstattung vorhanden (Bestuhlung, Tische etc.)? Wenn nicht, woher bekommen Sie sie?
- Wann soll die Sitzung stattfinden (Tag, Uhrzeit)?
- Wie lange soll sie maximal dauern?
- Welche Medien (Flipchart, Tafel, Beamer, Pinwände etc.) brauchen Sie?
- Welches und wie viel Material brauchen Sie (Papier, Stifte, Folien etc.)?
- Wie sieht die Verpflegung aus (Hauptmahlzeiten, Pausen, Getränke etc.)?
- Bei Übernachtung: Welche Möglichkeiten bietet die Tagungsstätte nach der Arbeitssitzung?
- Wie muss die Einladung aussehen?
- Wer bereitet was vor?
- Wer ist der Ansprechpartner des Moderators?

Worauf Sie bei der Einladung achten sollten

Wer sollte eingeladen werden?

Laden Sie nur die Personen ein, die wirklich gebraucht werden bzw. für die die Arbeitssitzung von hoher Bedeutung sind. Die Teilnehmerzahl sollte so gering wie möglich gehalten werden. So vermeiden Sie Besprechungstourismus, unwichtige Endlosdebatten und frustrierte Teilnehmer, die permanent darüber nachdenken, warum sie eigentlich eingeladen wurden, und alles mögliche tun, um sich ihre Langeweile zu vertreiben.

Welche Informationen sollte die Einladung enthalten?

Informieren Sie die Teilnehmer über alles, was diese wissen müssen, um sich gut auf die Arbeitssitzung vorbereiten zu können. So vermeiden Sie unnötige Rückfragen und zeitraubende Missverständnisse.

Bitten Sie um eine „formlose" Teilnahmebestätigung, und – falls Auftrag und Anlass das nahe legen bzw. erfordern – um die zusätzliche Nennung von Themen für die Arbeitssitzung. Fassen Sie sich kurz und verschicken Sie die Einladung rechtzeitig.

Eine professionelle Einladung sollte folgende Informationen enthalten:

Checkliste: Einladung

Aufgaben	☐
▪ Warum findet das Treffen statt? Nennen Sie Anlass, Themen, Auftrag sowie Sinn und Nutzen der Arbeitssitzung.	
▪ Wo findet das Treffen statt? Außer der genauen Adresse (Ort, Straße, Hausnummer) und der Raumnummer sollten Sie auch einen Lageplan zur Verfügung stellen und die Anreisemöglichkeiten erklären. Vergessen Sie nicht eine Telefon- und Faxnummer anzugeben sowie einen Ansprechpartner für die Teilnehmer.	
▪ Wann findet das Treffen statt? Neben dem Datum sollten Sie auch Anfangs- und Endzeit sowie Pausenzeiten angeben.	
▪ Wie sieht der Arbeitsplan aus? Geben Sie den Teilnehmern einen Plan an die Hand, der die Arbeitsschritte mit Zielbestimmung und Zeitvorgabe enthält.	
▪ Wer nimmt teil? Nennen Sie die Namen aller Teilnehmer, des Moderators sowie evtl. von Referenten, Gästen etc.	
▪ Was ist noch wichtig? Informieren Sie die Teilnehmer auch darüber, ob Freizeitkleidung oder Kostüm und Anzug angesagt sind. Falls Aktivitäten außerhalb der Arbeitssitzung geplant sind, sollten Sie dies mitteilen.	

Die Moderation durchführen

Das Grundgerüst einer moderierten Arbeitssitzung ist so einfach wie allgemein. Es muss im Einzelfall natürlich mit den konkreten Inhalten bzw. individuell strukturierten Arbeitsschritten ausgefüllt bzw. konkretisiert werden. Hier lernen Sie die drei Phasen kennen, nach denen eine moderierte Arbeitssitzung aufgebaut ist:

- die Einleitung
  Teilnehmer und Moderator machen sich bekannt, die Voraussetzungen für die Arbeit werden geklärt. (S. 30)
- die Arbeitsphase
  Sie ist das Kernstück der Moderation, in der die Ergebnisse erarbeitet werden. (S. 33)
- die Abschlussphase
  Die Ergebnisse werden gesichert und die Zusammenarbeit bewertet. (S. 35)

Wie sich eine Moderation aufbaut

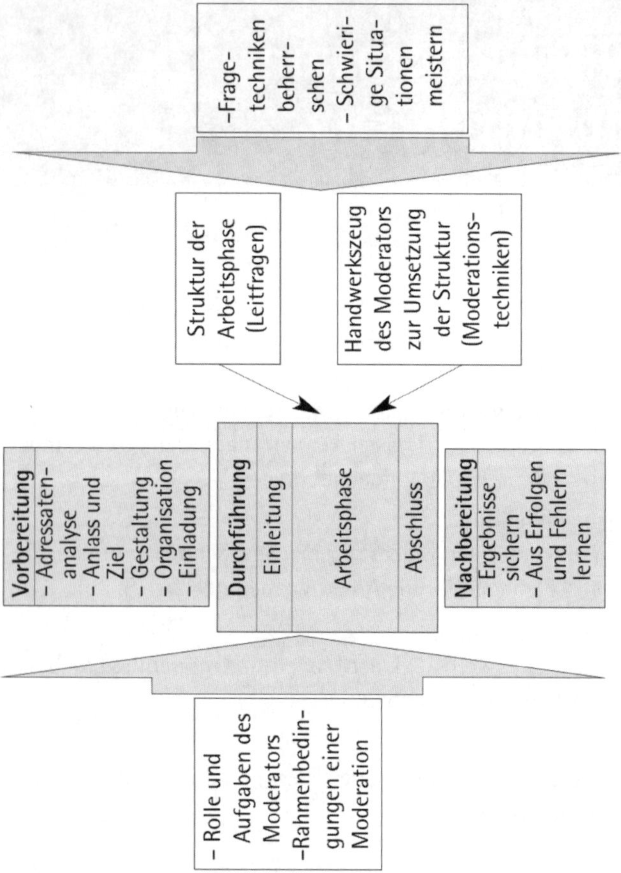

Mit der Einleitung die richtige Atmosphäre schaffen

Begrüßen und bekannt machen

Halten Sie die Begrüßung kurz und sachlich. Denn Sie setzen damit bereits ein Signal für die Arbeitsatmosphäre: Ist die Veranstaltung in erster Linie ein unverbindliches soziales Plauderereignis, oder geht es darum, Ergebnisse zu erzielen? Wenn der Auftraggeber anwesend ist, sollte er einen Teil der Begrüßung übernehmen. Dadurch wird unterstrichen, dass die Sache wichtig ist.

Der Moderator sollte sich, wenn er den Teilnehmern nicht bekannt ist, kurz vorstellen. Es ist wichtig, dass alle wissen, mit wem sie es zu tun haben, und sich alle ein erstes Bild vom Leiter der Arbeitssitzung machen können. Im Idealfall sollten Sie aber schon mit einigen Teilnehmern im Rahmen der Vorbereitungsphase Gespräche geführt haben.

Falls sich die Teilnehmer nicht alle kennen, sollten auch sie sich einander kurz vorstellen. Jeder sollte wissen, wer in welcher Funktion an der Sitzung teilnimmt. Auch hier gilt: Knapp und sachlich ist besser als poetisch und weitschweifig. Ist z. B. zu befürchten, dass die Vorstellungsrunde in einen Wettbewerb „Wer hat die tollste Karriere hinter sich" ausarten könnte, ist es ratsam, kurz vor der Sitzung einen persönlich bekannten Teilnehmer zu bitten, sich als Erster vorzustellen – als „Modell" für die anderen.

Thema und Ziel der Sitzung angeben

Stellen Sie jetzt das Thema und die Ziele der Arbeitssitzung vor. Das ist zur Einstimmung für die Anwesenden wichtig, die in Gedanken oft noch anderswo sind. Klare Ziele, deren Hintergrund und Kontext deutlich sind, sorgen außerdem für ein konsequenteres Arbeiten und beugen Missverständnissen vor.

Eine Erläuterung des Zeit- und Arbeitsplanes hilft den Teilnehmern, sich ein grobes Bild davon zu machen, was auf sie zukommt, welche Bedeutung und Stellung einzelne Arbeitsschritte im Gesamtaufbau haben und welcher Ablauf geplant ist. Dies ist wichtig, um die Frage nach dem Sinn und Zweck der einzelnen Arbeitsschritte klären zu können.

Der Moderator kann auch kurz die von ihm gewählten Methoden vorstellen. Im Rahmen der Einleitung reicht allerdings ein grober Überblick aus. Die Teilnehmer sollten z. B. erfahren, wann und warum Kleingruppenarbeit vorgesehen ist. Nähere Erläuterungen folgen dann am besten zu Beginn des jeweiligen Arbeitsschrittes.

Die Aufgabe des Moderators erläutern

Von entscheidender Bedeutung ist es, die Rolle des Moderators zu klären (vgl. S.12). Es muss für jeden Teilnehmer unmissverständlich klar sein, welche Aufgaben und Kompetenzen der Moderator hat – und welche nicht. Das verhindert Missverständnisse nach dem Motto: „Aha – jetzt hat sich der Abteilungsleiter einen Kampfhund besorgt!" und Instrumentalisierungsversuche der Art: „So ein netter und offener

Mensch – der hat sicher Verständnis für unsere Probleme mit dem Abteilungsleiter und hilft uns gegen seinen Cäsarenwahn!".

Es muss für den Auftraggeber und die Gruppe klar sein, dass die Aufgabe des Moderators nur sinnvoll zu erfüllen ist, wenn er neutral ist und sich weder für die Interessen des Auftraggebers noch für die der Gruppe vereinnahmen lässt.

Die Spielregeln festlegen

Der Moderator kann einige Spielregeln für die Zusammenarbeit vorschlagen. Meist reichen zu Beginn eine oder zwei klare Regeln. Zusätzliche Regeln sollten Sie nur bei Bedarf einführen, denn es entsteht sonst allzu leicht der Eindruck der Bevormundung. Unsere Erfahrung: Die erste der folgenden Regeln und ein Hinweis auf den gesunden Menschenverstand reichen normalerweise aus. Hier einige Beispiele:

- Wir kommunizieren klar, offen, knapp!
- Ausreden lassen!
- Zuhören!
- Es gibt weder dumme Fragen noch unwichtige Beiträge.

Mit diesen Spielregeln kann auch störendes Verhalten während der Arbeitssitzung direkt ansprochen und abstellt werden.

Die Funktion anwesender Führungskräfte klären

Zum Schluss der Einleitung sollte unbedingt die Rolle anwesender Führungskräfte geklärt werden. Zum einen stellt sich die Frage nach der Entscheidungslust: Wird die Führungskraft die anstehende Entscheidung selbst treffen, oder delegiert sie die Entscheidung an das Team bzw. an andere Personen? Zum anderen muss die Frage nach der Entscheidungsbefugnis beantwortet werden: Hat die Führungskraft die Kompetenz, die nötigen Entscheidungen hier und heute zu treffen bzw. zu akzeptieren – oder ist sie an Rücksprache mit „höheren Instanzen" gebunden?

Diese Fragen sollten immer eindeutig geklärt sein. Besonders wichtig ist dies, wenn Sie den Eindruck haben, dass die Gruppe Vorbehalte gegen die Sitzung hat und an einen raffinierten Manipulationsversuch glaubt.

In der Arbeitsphase zu Ergebnissen kommen

In der Arbeitsphase wird das eigentliche Problem in Angriff genommen und – in aller Regel – gelöst. Dem Moderator stellen sich in dieser Phase die komplexesten Aufgaben, die im Folgenden kurz beschrieben werden. Wie Sie dabei vorgehen können, erfahren Sie in den Kapiteln „Wie Sie die Arbeitsphase strukturieren" und „Das Handwerkszeug des Moderators". Der Grundinhalt einer jeden Arbeitsphase besteht darin, gemäß dem Zeit- und Arbeitsablauf die Themen zu bearbeiten und die Resultate festzuhalten, z. B. in einem Handlungsplan.

Zeit- und Arbeitsablauf festlegen

Wenn nicht schon im Vorfeld geklärt, werden zuerst mögliche Themen bestimmt und die zu bearbeitenden Themen ausgewählt. Auf dieser Basis wird dann im nächsten Schritt ein Zeit- und Arbeitsplan festgelegt.

Nun beginnt die eigentliche Bearbeitung der Themen. Für jede Teilaufgabe bzw. jeden Arbeitsschritt sollten Sie einen klaren Arbeitsauftrag mit Zeitvorgabe und Methode vorbereitet haben bzw. zusammen mit den Teilnehmern erarbeiten. Es muss klar sein, welche Art von Ergebnissen in welchem Zeitraum erarbeitet werden sollen. Ziel dieses Planes ist es wieder, eine konzentrierte Arbeitsatmosphäre zu gewährleisten. Schließlich können Sie auf den Zeitplan verweisen und leichter eingreifen, wenn die Diskussion abzuschweifen droht oder sich die Teilnehmer in Details verzetteln.

Den Handlungsplan erstellen

Resultat einer Arbeitsphase ist im Normalfall ein Handlungsplan mit klaren Verpflichtungen: Wer macht was mit wem bis wann, wozu, mit welchem Ziel? Der Handlungsplan ist von zentraler Bedeutung; denn sonst ist die Gefahr groß, nur unverbindliche oder missverständliche Absichtserklärungen als „Ergebnis" zu haben, deren Realisierungswahrscheinlichkeit der von guten Vorsätzen in der Silvesternacht entspricht.

Zum Abschluss den Erfolg sichtbar machen

Was haben wir erreicht?

Der Abschluss der Arbeitssitzung beginnt mit einem Rückblick und einer Zusammenfassung. Das vertieft das Verständnis für die Zusammenhänge und macht den Erfolg der gemeinsamen Arbeit anschaulich. Schließlich hilft die Rückschau, sich besser an das Ergebnis und seine Einzelheiten zu erinnern – eine wesentliche Voraussetzung für die Umsetzung der Ergebnisse.

Wie war die Zusammenarbeit?

Wichtig ist auch, die Qualität der Zusammenarbeit auszuwerten: Was hat heute gut geklappt – und was werden wir bei der nächsten Sitzung besser machen? Doch seien Sie vorsichtig: Endlose gruppendynamische, therapeutische oder tiefenpsychologische Betrachtungen führen nicht immer zu brauchbaren Resultaten. Es reicht aus, wenn die Teilnehmer ihren gesunden Menschenverstand auf die wesentlichen Punkte konzentrieren. Sinn und Zweck der Auswertung ist die stetige Verbesserung der Zusammenarbeit.

Was ist festzuhalten?

Auch die Ergebnissicherung muss geklärt und festgelegt werden: Wer schickt welche Art von Ergebnissicherung bzw. Protokoll bis wann an wen?
Sinnvolles Ende einer Arbeitssitzung kann ein Ausblick sein: Wie geht es weiter? Und: Welche Themen und Ziele nimmt man bei der nächsten Arbeitssitzung in Angriff?

Wie strukturiert man die Arbeitsphase?

Eines haben die meisten Arbeitsphasen gemein: Sie werden mit einem konkreten Handlungsplan abgeschlossen. Doch wie gelangt man zu diesem Ziel? Eine der Kernaufgaben des Moderators ist es, die Arbeitsphase klar und ergebnisorientiert durch logisch aufeinander aufbauende Fragen vorzustrukturieren. Hier erfahren Sie

- wie Sie die Arbeitsphase dem jeweiligen Moderationsauftrag entsprechend aufbauen (S. 38)
- welche Möglichkeiten Ihnen für typische Arbeitsphasen zur Verfügung stehen (S. 42)

Intensiv arbeiten in Kleingruppen

Nicht immer ist es nötig oder sinnvoll, dass alle Teilnehmer gleichzeitig an derselben Frage arbeiten. Oft ist es möglich, verschiedene Arbeitsschritte parallel zu durchlaufen. Bei genügend großer Teilnehmerzahl kann man dann zwei oder mehrere Kleingruppen bilden und jeder dieser Kleingruppen eine andere Frage zur Beantwortung geben. Jede Kleingruppe bearbeitet „ihre" Frage, stellt das Ergebnis den anderen Teilnehmern vor und berücksichtigt dann im Rahmen einer Diskussionsphase deren Anregungen und Vorschläge.

> Die Arbeit in Kleingruppen spart Zeit und ermöglicht den Teilnehmern der Arbeitssitzung, sich und ihre Ideen noch intensiver einzubringen. Außerdem unterstreicht Kleingruppenarbeit den Charakter der gemeinsam geleisteten Arbeit an einer Aufgabe. Denn das Endergebnis setzt sich klar aus den Beiträgen verschiedener Kleingruppen und ihrer Teilnehmer zusammen.

Jeder Moderationsauftrag stellt andere Anforderungen

Für den Aufbau einer Arbeitsphase gibt es weder Patentrezepte noch standardisierte Vorgehensweisen. Jeder Moderationsauftrag und jede Ausgangsbasis ist anders; deshalb muss jede Moderation maßgeschneidert werden. Sie können die folgende Checkliste nutzen, um die speziellen Anforderungen Ihres Moderationsauftrags herauszufinden: Sie erstellen dann eine Liste von Leitfragen, die die Struktur Ihrer Arbeitsphase bildet.

Checkliste: Spezifische Anforderungen des Moderationsauftrags

- Wie lauten Aufgabenstellung bzw. Auftrag für die Arbeitsphase?

  ___

- Welches Ergebnis muss am Ende der Arbeitsphase vorliegen?

  ___

- Was ist die Ausgangsbasis für die Arbeitsphase?

  ___

- Welche Fragen muss ich stellen – was muss ich wissen, um von der Ausgangsbasis zum geforderten Ergebnis zu kommen?

  ___

- In welcher Reihenfolge muss ich diese Fragen stellen?

  ___

- Wo baue ich bewusst eine der folgenden Fragearten ein?

  1 Umkehrfrage

  Beispiel: „Was müssen wir tun, um unsere Kunden zu verärgern?"

  ___

  2 Abgrenzungsfrage

  Beispiel: „Was soll eine Lösung nicht leisten?"

  ___

3 Vollständigkeitsfrage
Beispiel: „Welche Ursachen kann es noch geben?"

4 Blickwinkelfrage
Beispiel: „Was bedeutet unser Vorschlag für unsere Lieferanten?"

5 Folgenfrage
Beispiel: „Für wen entstehen welche Folgen?"

Wie Sie eine Arbeitsphase aufbauen – ein Fallbeispiel

Ein Team von Softwareentwicklern hat ständig Probleme mit der Projektplanung und Projektabwicklung: Termine werden überschritten, Teilergebnisse passen nicht zusammen, oft sind Kunden verärgert, weil das erstellte Softwareprodukt nicht so ausgefallen ist, wie die Kunden sich das vorgestellt haben usw.

Sie werden gebeten, das Team als Moderator dabei zu unterstützen, die wichtigsten Schwachstellen und deren Ursachen herauszufinden; denn im Team kursieren ganz unterschiedliche Meinungen über den Ursprung der Probleme. Die einen glauben, dass vor allem die Planungsmethode falsch ist, andere sind der Überzeugung, dass die Schwierigkeiten vor allem daher kommen, dass die Kunden nicht wissen, was sie wollen, und eine dritte Gruppe tendiert zu der Theorie, dass das Team viel zu wenige Mitarbeiter hat.

In der Vorbereitungsphase, haben Sie Adressatenanalyse und Auftragsklärung schon durchlaufen. Im nächsten Schritt müssen Sie sich eine Struktur für die Arbeitsphase überlegen. Dabei setzen Sie die in der Checkliste beschriebenen Fragen ein:

1 Wie lauten Aufgabenstellung bzw. Auftrag für die Arbeitsphase?
Das Team hat mit der Projektplanung und Projektabwicklung Schwierigkeiten. Der Auftrag ist, alle Probleme vollständig zu sammeln, die schwerwiegendsten Probleme zu erkennen und ihre Ursachen aufzudecken.

2 Welches Ergebnis muss am Ende der Arbeitsphase vorliegen?
Es soll eine Liste der wichtigsten Probleme des Teams erstellt werden. Für jedes Problem soll eine klare Aussage zu den Ursachen getroffen werden. Die drei wichtigsten Probleme werden besonders hervorgehoben.

3 Was ist die Ausgangsbasis für die Arbeitsphase?
Die Teammitglieder kennen die Probleme aus ihrem Alltag. Sie führen die Probleme allerdings auf verschiedene Ursachen zurück, und sie halten verschiedene Schwierigkeiten für besonders wichtig. Es gibt keine persönlichen Konflikte im Team, die Auseinandersetzungen finden auf rein sachlicher Ebene statt. Die Teammitglieder sind alle hoch motiviert, die Probleme dauerhaft in den Griff zu bekommen.

4 Welche Fragen muss ich stellen?
Sie sammeln nun ungeordnet, aber möglichst vollständig die Fragen, auf die die Gruppe eine Antwort finden muss, um das Ergebnis zu erzielen. Im nächsten Schritt werden die Fragen in eine sinnvolle Reihenfolge gebracht.

5 In welcher Reihenfolge muss ich diese Fragen stellen?
Die Fragen werden nun so geordnet, dass mit den Antworten der jeweils vorhergehenden Fragen weitergearbeitet werden kann. Diese Leitfragen bilden die Struktur Ihrer Arbeitsphase.

1. Welche Probleme gibt es im Umfeld Projektplanung und Projektabwicklung?
2. Welche konkreten Beispiele gibt es für diese Probleme?
3. Wie wirken sich diese Probleme im Alltag aus?
4. Wie lange hat das Team diese Probleme schon?
5. Welche dieser Probleme sind für die Kunden am ärgerlichsten?
6. Welche sind für das Team die bedeutsamsten?
7. Wer ist noch von den Problemen betroffen?
8. Welche Probleme sind insgesamt die schwerwiegendsten?
9. Welche Ursachen gibt es für diese Probleme?
10. Welche Probleme sind die drei wichtigsten – und warum?

6 Wo baue ich bewusst eine bestimmte Frageart ein?
Mit den Leitfragen ist Ihre Arbeitsphase bereits strukturiert. Jetzt können Sie noch einmal gezielt die einzelnen Fragearten durchgehen und sich überlegen, ob es sinnvoll ist, mit einer bestimmten Art von Frage die Ergebnisse zu sichern oder zu vertiefen. Die bereits erstellte Struktur der Arbeitsphase können Sie mit dieser Methode noch einmal prüfen und gegebenenfalls ergänzen.

- Umkehrfrage: Brauche ich nicht.
- Abgrenzungsfrage: Brauche ich nicht.
- Vollständigkeitsfrage: Bereits gestellt (Frage 7).
  Aber auch nach Frage 9 (Welche Ursachen gibt es für diese Probleme?) ist eine Vollständigkeitsfrage äußerst sinnvoll. Denn mit der Frage „Welche Ursachen könnte es noch geben" kann ich uns dazu zwingen, die Ursachenanalyse noch einmal zu überprüfen.
- Blickwinkelfrage: Bereits gestellt (Frage 5).
- Folgenfrage: Bereits gestellt (Frage 3).

7 Das Ergebnis
Sie können Ihr Leitfragensystem jetzt fertig stellen, indem Sie die im letzten Schritt noch gefundenen Fragen in Ihre Leitfragen integrieren. In unserem Fall wird die obige Liste also um eine Frage erweitert und sieht nun so aus:

1. – 9. wie oben

10. Welche Ursachen könnte es noch geben?
11. Welche Probleme sind die drei wichtigsten – und warum?

Typische Arbeitsphasen

Jede moderierte Arbeitssitzung soll zu einem genau definierten Ergebnis führen; dieses Ergebnis ist Bestandteil des Moderationsauftrages. Im Folgenden stellen wir Ihnen typische Moderationsaufträge mit einem möglichen Aufbau der Arbeitsphase vor. Beim Aufbau der Arbeitsphase handelt es sich um Systeme von Leitfragen, die logisch aufeinander aufbauen und die Gruppe Schritt für Schritt durch die Arbeitsphase hin zum anvisierten Ergebnis führen sollen.

Die Leitfragen sollten Sie als Anregung verstehen, wie Sie Arbeitsphasen aufbauen können. Was wir Ihnen nicht anbieten können (und auch nicht wollen) sind Patentrezepte nach dem Motto: „In einer Arbeitssitzung mit dieser Art von Moderationsauftrag muss man so beginnen, so fortfahren und so abschließen." Wie schon betont: Jede Situation ist anders, und ein guter Moderator zeichnet sich gerade dadurch aus, dass er seine Arbeitssitzungen bzw. Arbeitsphasen situationsgerecht und individuell gestaltet.

Natürlich können wir nicht alle Arten von Moderationsaufträgen abdecken. Deshalb haben wir einige typische und Ihnen wahrscheinlich wohl bekannte Moderationsaufträge ausgesucht, um daran anschaulich zu machen, wie man mit Leitfragen Arbeitsphasen strukturieren kann. Die folgenden Arten von Moderationsaufträgen sehen wir uns genauer an:

- Ideen finden, sammeln und gewichten
- Probleme verstehen und analysieren

- Lösungen entwickeln, auswählen und ihre Umsetzung planen
- einen Auftrag klären
- Ziele finden und formulieren
- Feedback und Kritik einholen

Bedenken Sie bei den nun folgenden Vorschlägen für den Aufbau von Arbeitsphasen, dass vorgefertigte Strukturen in keinem Fall 1:1 übernommen werden können. Jeder Moderationsauftrag fordert einen eigens auf die individuelle Situation zugeschnittenen Aufbau. Vertrauen Sie Ihrem eigenen Urteil.

Ideen finden, sammeln und gewichten

Typische Ausgangssituation

In der Arbeitssitzung soll eine wichtige Frage durchdacht werden. Mögliche Antworten bzw. Alternativen sollen gefunden, strukturiert und gewichtet werden.

Beispiel

Ein Unternehmen hat sich dazu entschieden, ein einheitliches EDV-gestütztes Projektmanagement einzuführen. Herr Müller hat den Auftrag erhalten, eine Projektgruppe zu bilden und bis Jahresende dem Vorstand einen genauen Projektplan vorzulegen. Herr Müller möchte in einer der ersten Sitzungen mit seiner Projektgruppe herausfinden, woran alles gedacht werden muss – er möchte eine grobe Skizze der „Problemlandschaft" haben. Das folgende Leitfragensystem kann er dazu sehr gut einsetzen.

Möglicher Aufbau der Arbeitsphase

- Wie lautet die Ausgangsfrage, zu der wir uns ein Bild machen sollen?
  In unserem Beispiel würde die Frage lauten: Woran müssen wir denken, um bis Jahresende einen guten Projektplan vorlegen zu können?
- Welche Ideen gibt es dazu?
- Wie können wir diese Ideen einteilen und zusammenfassen?
- Welche dieser Ideen sind für uns am wichtigsten – und warum?
  Dieser Arbeitsschritt liefert die Schwerpunktthemen, die im Projektplan berücksichtigt werden müssen. Die Frage nach dem Warum stellt sicher, dass alle Teilnehmer der Sitzung die Gründe für die Gewichtung verstanden haben und akzeptieren.
- Handlungsplan: Wer macht was mit wem bis wann etc.?

Probleme verstehen und analysieren

Typische Ausgangssituation

Ein Problem ist aufgetreten und soll in einer Arbeitssitzung untersucht werden. Am Ende der Sitzung sollen die Ursachen des Problems und seine (möglichen) Auswirkungen klar erkannt und beschrieben sein.

Möglicher Aufbau der Arbeitsphase

- Welche typischen Vorfälle/Beispiele verdeutlichen das Problem?

- Wie sieht die zeitliche Dimension des Problems aus? Seit wann, wie oft, wie lang?
- Wie können wir das Problem präzisieren? Wie beschreiben wir das Problem kurz, klar und anschaulich?
- Für wen entstehen welche Nachteile/Schäden?
- Wer kann mit dem Problem leben – und wer profitiert vielleicht sogar davon?
- Warum haben wir das Problem, wo liegen die Ursachen?
- Warum liegen diese Ursachen vor?
  Oft ist es sinnvoll, die Frage nach der Ursache der Ursache zu stellen. Das stellt sicher, dass man „tief genug bohrt". So kann z. B. die „erste" Ursache für den häufigen Ausfall einer Maschine sein, dass ein bestimmtes Teil oft und schnell kaputtgeht. Ursache dafür wiederum – also die Ursache der Ursache – kann ein Material-, Herstellungs- oder ein Lagerungsfehler sein.
- Handlungsplan: Was ist zu tun? (Informationen einholen, warnen, unterstützen, eine vorläufige Notlösung umsetzen, Ursache(n) beseitigen.)

Lösungen entwickeln, auswählen und planen

Typische Ausgangssituation

Ein Problem ist beschrieben, erkannt und verstanden. Jetzt werden in einer Arbeitssitzung Lösungen erarbeitet. Eine dieser Lösungen soll ausgewählt und umgesetzt werden.

Möglicher Aufbau der Arbeitsphase

- Wie beschreiben wir das Problem klar, kurz und anschaulich?
- Welche Lösungen wurden von uns schon versucht – und mit welchem Erfolg?
- Wie wird/wurde das Problem woanders gelöst?
- Was genau soll eine Problemlösung leisten (Erfolgskriterien)?
- Welche dieser Anforderungen muss eine Lösung erfüllen – und welche sind „Kann-Anforderungen"?
  Es ist sehr wichtig, diese und die vorherige Frage zu beantworten und so die Kriterien für eine Lösung vorab genau zu bestimmen. Sonst kann es leicht zu Missverständnissen kommen.

Beispiel

So könnte es passieren, dass ein Teil einer Gruppe nach einer technisch perfekten Lösung eines Problems im Fertigungsprozess sucht, die für mindestens zehn Jahre Bestand haben soll; ein anderer Teil geht stillschweigend von der Annahme aus, dass sich das Problem im Rahmen der nächsten Umstrukturierung des Fertigungsprozesses von alleine lösen wird und deshalb nur eine Überbrückungslösung für vier Monate nötig ist. Missverständnisse sind vorprogrammiert.

- Welche Rahmenbedingungen (Zeit, Geld, Personaleinsatz etc.) müssen wir beachten?
- Welche Lösungsansätze gibt es?
- Welcher Lösungsansatz erfüllt am besten unsere Erfolgskriterien?
- Handlungsplan: Wer macht was mit wem bis wann etc.?

Den Auftrag klären

Typische Ausgangssituation

Für Projekt X gibt es einen Auftrag, der allerdings noch einige Lücken hat. Es wird z. B. weder ein Termin gesetzt, noch die Höhe des verfügbaren Budgets geklärt. Auch die Formulierung des Auftrags ist an einigen Stellen ungenau, wenn es z. B. heißt „so schnell und so einfach wie möglich". Das Team muss also zunächst den Auftrag präzisieren und eine genaue und vollständige Auftragsformulierung ausarbeiten, die mit dem Auftraggeber abgestimmt wird. Sonst kommt es leicht zu Missverständnissen, z. B. wenn das Team eine Lösung erarbeitet, die das Budget weit überschreitet.

Beispiel

Die letzten Kundenbefragungen zeigen klar und deutlich: Das Beschwerdeverfahren unseres Unternehmens wird von praktisch allen Kunden als viel zu zeitaufwendig, umständlich, unbequem und bürokratisch empfunden. Deshalb müssen wir unseren Beschwerdeprozess entscheidend verbessern. Konkreter: Die Aufnahme von Beschwerden und ihre Beantwortung soll für unsere Kunden so schnell und so einfach wie möglich erfolgen.

Die systematische Bearbeitung der folgenden Leitfragen führt das Team Schritt für Schritt zu der gewünschten Präzisierung des Auftrags.

Möglicher Aufbau der Arbeitsphase

- Wie lautet die vorliegende Auftragsformulierung?
- Was ist der Anlass/Hintergrund der Auftragserteilung?
- Wer hat den Auftrag erteilt?

- Was verspricht sich der Auftraggeber von einer Erfüllung des Auftrags?
- Welche Rahmenbedingungen (Zeit, Finanzen etc.) sind zu beachten?
- Warum ist der Auftrag sinnvoll?
- Welcher Nutzen wird für wen von der Auftragserfüllung erwartet?
- Wer ist wie vom Auftrag betroffen?
- Welches Ziel wollen wir erreichen?
- Was soll als Ergebnis nicht eintreten?
- An welchen Daten bzw. Kennzahlen überprüfen wir die Zielerreichung?
- Wie messen wir diese Daten bzw. Kennzahlen?
- Handlungsplan: Wer macht was mit wem bis wann etc.? (Fehlende Informationen einholen, Abgleich der Präzisierung mit Auftraggeber etc.)

Die Ziele finden und formulieren

Bei fast allen Formen der Zusammenarbeit soll ein Ergebnis erreicht werden – und dazu ist es immer nötig, das Ziel klar zu formulieren. Ein Ziel ist eine sehr konkrete und detaillierte Beschreibung, wie die Welt oder ein Teil davon in Zukunft aussehen soll. Ein gutes Ziel sollte folgende Eigenschaften aufweisen: Es sollte messbar, konkret, terminiert, anschaulich, sinnvoll, realistisch und herausfordernd sein. Hier einige Beispiele für klar formulierte Ziele:

Beispiel

Ab dem 15.9.2013 dauert die Aufnahmeprozedur für die Patienten unserer Klinik ab Eintreffen am Informationsschalter nicht länger als 10 Minuten; dabei werden die Daten jedes Patienten nur einmal aufgenommen.

Bis zum 15.7.2014 bewerten 97 % aller Stammkunden der Kategorie A unseren Service mit der Bestnote 1 (auf einer Skala mit 6 Stufen).

Ab 1.4.2013 hat jeder Kunde, der sich beschweren möchte, innerhalb von 30 Sekunden einen kompetenten Ansprechpartner am Telefon. Dieser Ansprechpartner wird die Beschwerde entgegennehmen, sie klären, sie hauptverantwortlich auf Basis unserer Grundsätze der Kundenorientierung bearbeiten und dem Kunden innerhalb von 24 Stunden das Ergebnis persönlich mitteilen.

Typische Ausgangssituation

Auf Basis eines klaren Projektauftrages soll ein Zielkatalog (= Ziel mit Teilzielen) entwickelt werden.

Möglicher Aufbau der Arbeitsphase

- Wie lautet das Auftragsziel?
- Veranschaulichung des Ziels: Was soll alles erreicht werden? Dieser Arbeitsschritt fördert das Verständnis des Ziels.
- Was gehört nicht zum Ziel? Wo liegen die Grenzen des Ziels? Um Missverständnisse zu vermeiden ist es ratsam klarzumachen, was das Ziel nicht fordert.
- Wer hat von dem Projekt welchen Nutzen?
- Was passiert, wenn das Ziel nicht erreicht wird?
- Wann können wir das Ziel als erreicht betrachten?
- Anhand welcher Daten bzw. Kennzahlen können wir die Zielerreichung zweifelsfrei nachweisen?

- Welche Maßnahmen müssen wir ergreifen, um das Ziel zu erreichen?
- Was sind die wichtigsten Teil- bzw. Zwischenziele?
- Anhand welcher Daten bzw. Kennzahlen können wir die Zielerreichung für jedes dieser Teilziele zweifelsfrei nachweisen?
- Welche zeitlichen Rahmen wollen wir setzen? Bis wann haben wir jedes Teilziel erreicht?
- Wer ist für das jeweilige Teilziel verantwortlich?

Wie Sie die Zielvereinbarung am besten aufzeichnen, damit das Team damit arbeiten kann, finden Sie im Kapitel „Werkzeugkasten" unter der Überschrift „Ziele/Teilziele".

Feedback einholen und Kritik formulieren

Typische Ausgangssituation

Im Team herrscht allgemeine Unzufriedenheit und Frustration. Erster Schritt zu einer Klärung der Situation ist ein strukturiertes Kritikgespräch, bei dem alle wichtigen Punkte „auf den Tisch kommen" sollen, damit Klarheit geschaffen wird.

Zur Vorbereitung dieses Gesprächs erarbeiten die Beteiligten im Rahmen einer Arbeitssitzung eine präzise Formulierung ihrer Kritik. Die folgenden Leitfragen dienen dazu, die Inhalte der Kritik systematisch zu erarbeiten. Der Moderator führt jede „Feedback-Partei" durch das Fragensystem.

Möglicher Aufbau der Arbeitsphase

- Wer gibt wem Feedback?
- Was sind Anlass und Hintergrund der Kritik?
  - Warum ist uns/mir die Klärung wichtig?
  - Warum ist die Klärung jetzt wichtig?
- Wozu die Kritik?
  - Was möchte(n) wir/ich mit der klaren Kritik erreichen?
  - Was möchte(n) wir/ich vermeiden?
- Was ärgert uns/mich am meisten? Welches sind die drei wichtigsten Themen?
- Welche Vorfälle oder Beispiele gibt es zur Konkretisierung und Veranschaulichung der Schwierigkeiten?
- Warum ist der Ärger für uns/mich nicht tolerierbar?
- Was ärgert uns/mich noch? Weitere Themenfelder mit Beispielen.
- Blick nach vorne: Wie könnte es nach der Aussprache weitergehen?

> Für uns alle ist es mühsam, Kritik zu präzisieren und zu gewichten.
> Aber nur auf Basis von professionell erarbeitetem und formuliertem Feedback lassen sich konkrete und realistische Maßnahmen zur Verbesserung einleiten.

Konfliktlösung in einer moderierten Sitzung – ein Fallbeispiel

Mit dem folgenden Fallbeispiel führen wir Ihnen eine Moderation anhand von Leitfragen vor. Im Moderationsauftrag geht es darum, Kritik zu formulieren und eine Krise zu bewältigen.

Im Team klappt die Zusammenarbeit nicht mehr. Das Verhältnis zwischen Teamleiter Obermaier und den Teammitgliedern ist sehr gespannt. Ständig brechen, häufig aus nichtigem Anlass, Konflikte aus, die sich sehr negativ auf die Zusammenarbeit auswirken. Teamleiter Obermaier und seine Mitarbeiter leiden unter der Situation. Sie beauftragen Herrn Winter, sie als Moderator bei der Bewältigung der Krise zu unterstützen.

Herr Winter erkennt, dass es im ersten Schritt nötig ist, genau zu klären, worum es geht. Er setzt die oben vorgestellten Leitfragen ein, um Herrn Obermaier und das Team dabei zu unterstützen, ihre Kritik zu konkretisieren.
Das Ergebnis für das Team sieht so aus:

- Wer gibt wem Feedback?
  Das Team äußert Kritik am Verhalten von Herrn Obermaier. Die genannten Punkte werden von jedem Teammitglied gebilligt.
- Was sind Anlass und Hintergrund der Kritik?
  Dem Team gefällt die Arbeitsatmosphäre der letzten sechs Monate nicht. Alle sind unzufrieden mit der gespannten Atmosphäre, den ständigen Reibereien und den Problemen, die daraus für die Kunden entstehen. Konkreter Anlass, die Kritik im Moderationsgespräch zu klären, ist die

Gefahr, dass einige Teammitglieder ernsthaft daran denken, sich versetzen zu lassen.

- Warum ist die Klärung wichtig?
  Das Team will wieder entspannt und sachorientiert mit Herrn Obermaier zusammenarbeiten. Außerdem möchten die Teammitglieder auch weiterhin in der bewährten Besetzung zusammenarbeiten.
- Warum ist die Klärung jetzt wichtig?
  Die Fronten verhärten immer schneller und die Teammitglieder haben Angst, dass bald überhaupt kein Dialog mehr möglich ist.
- Wozu die Kritik?
  Das Team will erreichen, dass Herr Obermaier die Sicht des Teams versteht und nachvollziehen kann. Das Team will erreichen, sich mit Herrn Obermaier auf einige konkrete Maßnahmen zu einigen, um die Situation spürbar und schnell zu verbessern.
- Was ärgert uns am meisten? Welches sind die drei wichtigsten Themen?
  Am meisten ärgert die Teammitglieder Herrn Obermaiers Art, Kritik zu üben, sein Führungsstil, sein Umgang mit Informationen, die Undurchsichtigkeit der Leistungsbewertung im Team, seine unkommunikative Art.
  Am wichtigsten sind:
  1. Der Umgang mit Informationen
  2. Das Üben von Kritik
  3. Der Führungsstil

- Welche Vorfälle oder Beispiele gibt es zur Konkretisierung und Veranschaulichung der Schwierigkeiten?
  zu 1. Umgang mit Informationen: Letzte Woche hat Herr Obermaier zwei für das Team sehr wichtige Rundschreiben nicht weitergegeben: das Rundschreiben zur Mitarbeiterbefragung und das Rundschreiben zur Parkplatzregelung
  ... etc.
- Warum ist der Ärger für uns nicht tolerierbar?
  zu 1. Umgang mit Informationen: Ohne klare Informationen machen wir vermeidbare Fehler, geraten wegen Missverständnissen in Streit usw.
  ... etc.
- Blick nach vorne: Wie könnte es nach der Aussprache weitergehen?
  Wir sind gerne bereit, zusammen mit Herrn Obermaier einen konkreten Themen- und Maßnahmenplan zu erarbeiten und umzusetzen. Dabei wäre es für uns wichtig, so vorzugehen, dass wir schnelle und spürbare Ergebnisse erzielen.

Das Handwerkszeug des Moderators

In den vorhergehenden Kapiteln haben wir erklärt, wie Sie eine Moderation professionell vorbereiten und woran Sie bei der Einleitung der Sitzung, deren Arbeitsphase und ihrem Abschluss denken sollten. Im letzten Kapitel haben wir uns darauf konzentriert, wie Sie die Arbeitsphase mit Hilfe konkreter Fragen strukturieren und in einzelne Arbeitsschritte unterteilen können. Die Strukturierung allein reicht aber nicht aus. Sie haben als Moderator noch weitere komplexe Aufgaben zu erfüllen. Lesen Sie hier

- welche Methoden und Arbeitstechniken Ihnen als Moderator zur Verfügung stehen, um eine Gruppe dabei zu unterstützen, die einzelnen Leitfragen zu beantworten (S. 58)
- wie Sie mit Konfliktsituationen umgehen, die während der Arbeitssitzung entstehen (S. 103)

Moderationstechniken

In diesem Kapitel stellen wir Ihnen vor allem solche Methoden und Arbeitstechniken vor, die universal einsetzbar sind und für viele Situationen bzw. viele Schritte einzelner Arbeitsphasen passen. Sie können relativ einfach und unkompliziert angewandt werden und verleihen gerade dem weniger geübten Moderator die nötige Sicherheit für seine Moderationsaufgaben. Hier die wichtigsten Methoden im Überblick:

- Ideensammlung/Brainstorming
- Kartenabfrage
- Zielscheibe
- Mind Map/Netzbild
- Problem-Analyse-Schema
- Ursache-Wirkungs-Diagramm
- Mehrpunktabfrage
- Zweidimensionales Matrixdiagramm
- Sterndiagramm
- Momentaufnahme/Blitzlicht
- Handlungsplan
- Ziele/Teilziele

Ideensammlung/Brainstorming

Das Brainstorming wird eingesetzt, um möglichst schnell möglichst viele Ideen zu finden. Sie können es beispielsweise gut in einer Arbeitsphase „Ideen finden, sammeln und gewichten" einsetzen. Ein Bankteam sucht z. B. nach neuen Wegen, seine Produkte zu vermarkten, oder ein Existenzgründer sucht mit seiner Mannschaft nach einem Namen für sein Unternehmen, eine Arbeitsgruppe sammelt erste Vorschläge zur Verbesserung der Zusammenarbeit zwischen zwei Abteilungen – all dies sind mögliche Situationen, in denen Brainstorming hilfreich sein kann.

Das Brainstorming trägt oft dazu bei, die Kreativität einer Gruppe zu fördern und alle Teilnehmer in die Arbeit der Gruppe zu integrieren.

> Die Brainstorming-Gruppe sollte nicht zu groß sein. Optimal sind sechs bis acht Personen. Bei größeren Gruppen kann es sinnvoll sein, sie zu teilen.

Wie wird das Brainstorming durchgeführt?

1. Der Moderator schreibt eine Frage an Tafel oder Flipchart und bittet die Teilnehmer, ihm ihre Ideen (ohne Wortmeldung) zuzurufen.
2. Jede vorgebrachte Idee wird (als Stichwort) notiert.
3. Nach der Ideensammlung und einer kurzen Pause prüft man die Ideen auf ihre Nützlichkeit und Verwendbarkeit.

Beachten Sie dabei die folgenden Regeln:

- Keine Idee wird während der Ideensammlung kritisiert oder bewertet.
- Jede Idee ist willkommen, gerade auch „verrückte" Ideen.

- Jeder darf die Ideen anderer aufgreifen und weiterführen.
- Es kommt bei der Sammlung nicht auf die Qualität der Ideen an, sondern auf die Quantität.

Stärken

Diese Methode liefert schnell eine Fülle von Ideen – oft auch „seltsame" oder unorthodoxe, die zu einem ganz neuen Problemlösungsansatz führen können. Sie ist sehr dynamisch und erlaubt es den Teilnehmern, sich gegenseitig anzuregen.

Schwächen

Vielen Teilnehmern fällt es schwer, sich an die Regeln zu halten und auf eine Diskussion bzw. Bewertung der Ideen bis nach dem Abschluss der Ideensammlung zu verzichten.

Tipps

- Um eine „steife" Gruppe aufzulockern, ist es ratsam, vor dem eigentlichen Brainstorming eine Aufwärm- bzw. Proberunde mit einer „Scherzfrage" einzubauen.
  Beispiel: „Eva präsentiert Adam den Apfel: Was sagt sie?"
- Oft liefert die Auseinandersetzung mit der „Umdrehversion" einer Frage gute Ideen bzw. Einsichten.
  Beispiel: „Was müssen wir tun, um mindestens 20 % unserer Stammkunden innerhalb von drei Monaten loszuwerden?"

Wie kann man nach einem Brainstorming fortfahren?

Nach einem Brainstorming ist es meistens notwendig, die gesammelten Ideen oder Aspekte zu bewerten und auszuwählen. Hier ein paar Empfehlungen:

- Überlegen Sie zusammen mit der Gruppe, ob es wichtige Auswahlkriterien gibt und wenn ja, welche diese sind. Ein solches Kriterium könnte beispielsweise die schnelle Realisierbarkeit sein.
- Gehen Sie die Liste Ihrer Ideen durch und schaffen Sie – mit dem Auswahlkriterium im Hinterkopf – eine grobe Ordnung z. B. nach den Kategorien

  A Idee weiterverfolgen bzw.

  B Idee verwerfen.

  Manchmal muss man noch eine Zwischenkategorie für Ideen bilden, die man nicht unmittelbar einschätzen kann.
- Für jede Idee aus Ihrer A-Liste können Sie nun gemeinsam überlegen, wie gut sie die Kriterien erfüllt, was für sie spricht, was gegen sie spricht. Sie führen also eine Bewertung durch.
- Im letzten Schritt treffen Sie dann eine Auswahl aus Ihrer A-Liste. Sie könnten dabei versuchen durch Konsens eine Entscheidung herbeizuführen, oder Sie benutzen ein Abstimmungsverfahren z. B. eine Mehrpunktabfrage, wie sie weiter unten beschrieben ist.

Kartenabfrage

Die Kartenabfrage dient dazu, Themen, Ideen, Problempunkte oder Lösungsansätze zu sammeln und zu ordnen. Diese Methode empfiehlt sich in Situationen, in denen sensible oder kritische Themen behandelt werden. Sie kann beispielsweise dann eingesetzt werden, wenn man nach Ursachen für eine unbefriedigende Zusammenarbeit oder nach Lösungsansätzen für Konflikte sucht. Die Kartenabfrage ist auch dann besonders nützlich, wenn in der Gruppe wenig Offenheit herrscht und die Teilnehmer sehr zurückhaltend sind.

Wie wird die Kartenabfrage durchgeführt?

1 Schreiben Sie die Frage, die an die Gruppe gestellt werden soll, auf Flipchart, Tafel oder Pinwand.

2 Jeder Teilnehmer schreibt nun seine Antwort auf eine Kommunikationskarte. Die Anzahl der Kommunikationskarten, die jeder Teilnehmer benutzen darf, kann aus Gründen der Übersichtlichkeit beschränkt werden.

3 Bitten Sie die Teilnehmer, die Karten klar, deutlich und gut lesbar zu beschriften. Auf jeder Karte soll nur ein Gedanke stehen.

4 Die Karten werden vom Moderator eingesammelt und gemischt.

5 Lesen Sie jede Karte laut vor und heften Sie sie dann an eine Pinwand. Stellen Sie sicher, dass über den Inhalt der Karte Konsens besteht und dass klar ist, wie sie zu verstehen ist.

6 Bei den folgenden Karten sollte die Gruppe entscheiden, ob die Antwort eine Sinneinheit mit bereits angehefteten Karten bildet. Wenn ja, dann wird sie darunter angebracht, wenn nein, wird eine neue Sinneinheit (= neue Kartengruppe) gebildet. Nach diesem Muster werden alle Karten besprochen.

7 Die Gruppe überprüft, ob sie mit den Sinneinheiten bzw. Zuordnungen der Karten einverstanden ist und sucht geeignete Überschriften für die Sinneinheiten.

Stärken

Jeder Teilnehmer der Arbeitssitzung wird einbezogen. Jede Nennung wird schriftlich festgehalten und hat den gleichen Stellenwert. Die Nennungen können übersichtlich gruppiert, geordnet und gewichtet werden. Durch die schriftliche Form der Abfrage kann im Idealfall Anonymität gewahrt werden. Die Kartenabfrage liefert ein verlässliches Bild über den Stand der Dinge bei der Ausgangsfrage.

Schwächen

Eine Kartenabfrage kostet Zeit. Sie ist relativ undynamisch. Der direkte Austausch zwischen den Teilnehmern wird eher blockiert. Die Anonymität wird leicht verletzt – erfahrungsgemäß sind viele Karten erläuterungsbedürftig.

Tipps

- Zeigen Sie vor der Kartenabfrage eine „vorbildlich" beschriftete Kommunikationskarte, um überbordenden Schreibeifer möglichst auszuschließen.

- Bei der Gruppierung der Karten sollten Sie genügend Raum für die späteren Überschriften lassen.

Zielscheibe

Auch die Zielscheibe dient dazu, Themen, Ideen, Probleme oder Lösungsansätze zu sammeln, zu gruppieren und zu gewichten. Die Zielscheibe eignet sich gut für Situationen, in denen hoher Mitteilungsbedarf herrscht und die Gruppe gleich loslegen möchte.

Wie wird die Zielscheibe durchgeführt?

1. Der Moderator schreibt auf Flipchart, Tafel oder Pinwand die Frage, die die Gruppe bearbeiten will.
2. Bereiten Sie auf der Flipchart, Tafel bzw. Pinwand eine stilisierte Zielscheibe vor.
3. Jeder Teilnehmer erhält nun selbstklebende Zettel (z. B. Post-it) und einen gut lesbaren Stift und schreibt seine Antwort auf. Sie können die Anzahl der Zettel, die jeder Teilnehmer benutzen darf, aus Gründen der Übersichtlichkeit beschränken.
4. Bitten Sie die Teilnehmer darum, klar zu formulieren und deutlich zu schreiben. Auf jedem Zettel soll nur ein Gedanke stehen.
5. Die Zettel werden nun von den Teilnehmern selbst in die Zielscheibe geklebt. Dabei sollen sie Sinneinheiten bilden. Je wichtiger eine Sinneinheit ist, desto näher wird sie am Zentrum der Zielscheibe platziert.

6 Das Verfahren ist zu Ende, wenn die Gruppe mit der Gewichtung zufrieden ist und die Sinneinheiten für vollständig hält.

7 In einem letzten Schritt überprüft die Gruppe das Arbeitsergebnis. Fragen Sie, ob die Teilnehmer damit zufrieden sind und ob sie mit den Sinneinheiten bzw. Zuordnungen der Karten einverstanden sind. Die Gruppe sucht nun geeignete Überschriften für die Sinneinheiten.

Zielscheibe

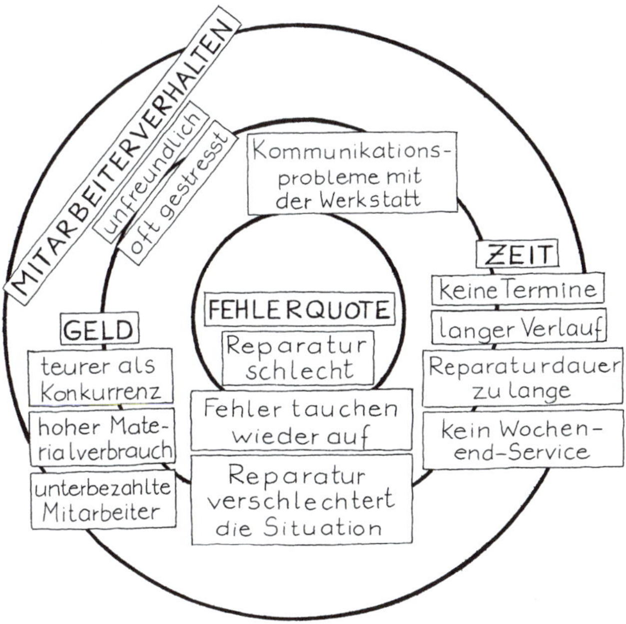

Stärken

Jeder Teilnehmer hat die Möglichkeit, seine Ideen einzubringen. Jede Nennung hat den gleichen Stellenwert. Die Nennungen werden gruppiert und gewichtet. Das Vorgehen ist sehr dynamisch und fördert den direkten Austausch zwischen den Teilnehmern.

Schwächen

In einer sehr zurückhaltenden bzw. gespaltenen Gruppe können einzelne Teilnehmer „überfahren" werden. In solchen Gruppen könnte es eine Schwäche sein, dass die Anonymität nicht gewahrt ist. Oft ist Anonymität in der Gruppenarbeit kein Vorteil. Die Anwendung der Zielscheiben-Methode ist aus Gründen der Übersichtlichkeit und des Austausches der Teilnehmer auf Gruppen von maximal sechs Personen begrenzt.

Tipp:

Zum Einstieg sollten Sie die Methode an einem Beispiel „vormachen".

Mind Map®/Netzbild

Die Mind-Map®- oder Netzbildmethode eignet sich zur Sammlung von Ideen, zur Strukturierung und Vertiefung eines Themas, zum Aufzeigen von Zusammenhängen und Beziehungen. Das Netzbild liefert schnell einen guten, verlässlichen und vollständigen Überblick über verzweigte Themen. Im Unterschied zum Brainstorming werden die Ideen bei der Netzbild-Methode von Anfang an strukturiert. Die Methode ist sehr gut geeignet, um sich z. B. am Beginn eines Projekts einen ersten Überblick darüber zu verschaffen, woran man bei dem Vorhaben alles denken muss.

Wie wird die Methode durchgeführt?

1. In der Mitte eines großen Plakats ist ein Kreis, in dem das Thema bzw. die Ausgangsfrage steht.
2. Per Zuruf ergänzt die Gruppe das Schema. Der Moderator schreibt die Nennungen auf das Plakat. Wichtig ist, dass zuerst einige Hauptpunkte gesucht werden. Das Bild entwickelt sich von innen nach außen. Jedem Hauptpunkt entspricht ein Ast, der von der Mitte ausgeht.
3. Sind die ersten Hauptpunkte gefunden, werden für jeden von ihnen die wichtigsten Teilaspekte bzw. Teilfragen gesammelt. Sie werden als Nebenäste an den Hauptast angefügt. Im weiteren Verlauf können an verschiedenen Stellen weitere Haupt- oder Nebenäste angefügt werden.

Netzbild

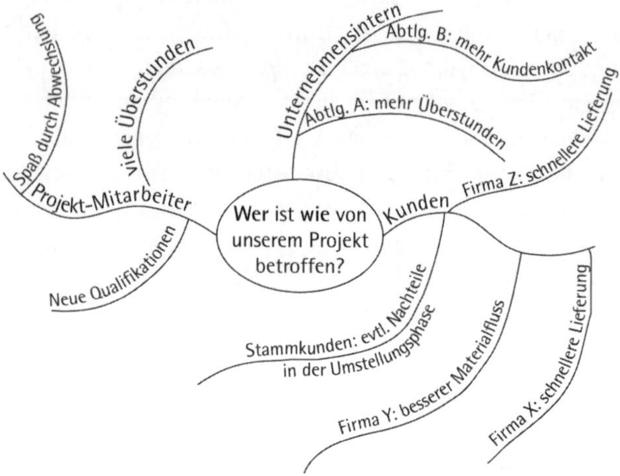

Stärken

Die Netzbildmethode führt zu einer sehr übersichtlichen und anschaulichen Gliederung. Das Denken in Zusammenhängen wird zwanglos gefördert. Man kann dem Fluss der Gedanken folgen, ohne eine klare Strukturierung zu gefährden – Haupt- und Nebenäste lassen sich beliebig anfügen.

Schwächen

Bei vielen Nennungen, sehr komplexen und sehr stark vernetzten Themen kann die Darstellung schnell unübersichtlich werden.

Tipp

Das Netzbild lässt sich mit Hilfe verschiedener Farben für Haupt- und Nebenäste noch übersichtlicher gestalten.

Das Problem-Analyse-Schema

Das Problem-Analyse-Schema ist eine Methode, um ein Thema intensiv zu bearbeiten. Es dient dazu, ein Problem genauer zu durchleuchten, mögliche Ursachen zu erkennen, Lösungsansätze aufzuzeigen und denkbare Hindernisse zu erfassen. Das Schema ist im Grunde universell einsetzbar.

Beispiele

Ein Team versucht zu ergründen, warum immer mehr Kunden unzufrieden sind und sucht nach Lösungsmöglichkeiten für die Situation.

Eine Arbeitsgruppe analysiert, warum zwischen zwei Abteilungen eine sehr konfliktgeladene Atmosphäre herrscht und entwickelt Verbesserungsmöglichkeiten.

Die Methode ist gut für Situationen geeignet, in denen zwar bekannt ist, dass ein Problem existiert, aber man noch keine Klarheit darüber hat, wie sich diese Probleme im Detail äußern. Die Methode ist daher sehr nützlich, um ein echtes Problemverständnis zu erlangen.

Wie wird die Methode durchgeführt?

1 Der Moderator stellt der Gruppe die Problemstellung vor und zeichnet ein vierspaltiges Schema an Tafel oder Flipchart. Über jeder Spalte steht eine Frage zum Thema:
   - Wie äußert sich das Problem?
   - Welche Ursache steckt dahinter?
   - Was tun wir?
   - Welche Hindernisse könnte es geben?

2 Per Zuruf beantworten die Teilnehmer die Fragen aus dem Schema, die der Moderator dann in die entsprechende Spalte einträgt.

3 Um das Schema übersichtlich zu halten, werden die Fragen immer von links nach rechts, also systematisch Spalte für Spalte beantwortet.

4 Der Vorgang wird so lange wiederholt, bis alle Antworten auf die Frage der ersten Spalte gegeben sind.

Problem-Analyse-Schema:

Problem: Abteilungsbesprechungen

Wie äußert sich das Problem?	Welche Ursache steckt dahinter?	Was tun wir?	Welche Hindernisse könnte es geben?
Häufige Verzettelung	Keine Tagesordnung	Themenliste als Tagesordnungspunkte; Aushang am Info-Brett	Zeitknappheit
Abwesenheit wichtiger Personen	Mangelnde Information; Schlechte Selbstdisziplin; Angst vor Zeitverschwendung	Präzise Einladung rechtzeitig am Info-Brett; Zeitplan: wann muss wer anwesend sein? Persönliche Ansprache zum Ende der vorhergehenden Besprechung	Sind Besprechungen so genau planbar? Dynamische Tagesordnung

Stärken

Die Methode bringt viele Informationen. Sie bringt schnell eine relativ präzise Struktur in eine Problemsituation und liefert brauchbare Lösungsmöglichkeiten. Deshalb ist diese Methode gut zur Planung von Sofortmaßnahmen geeignet. Zum Beispiel könnte das Team, das sich um die konfliktträchtigen Beziehungen zwischen zwei Abteilungen kümmert, das Problem-Analyse-Schema nutzen, um einen ersten Handlungsplan zu entwerfen, durch den der Konflikt entschärft werden soll.

Schwächen

Das Schema ist nicht ganz leicht zu bedienen, da man mit vier Spalten arbeitet und auf eine genaue Zuordnung der einzelnen Einträge achten muss.

Tipp

Auch diese Methode sollte der Moderator an einem Beispiel „vormachen" – das ist die beste Erklärung.

Das Ursache-Wirkungs-Diagramm

Diese Methode dient zur systematischen Suche und Erfassung der Ursachen eines Problems. Das Problem ist identifiziert, und es geht jetzt darum, die möglichen Ursachen aufzudecken. Das Diagramm ist besonders für solche Situationen geeignet, in denen es um messbare Probleme geht. Ein Beispiel wäre ein Team in einer Klinik, das herausfinden möchte, warum die Wartezeit in der Röntgenabteilung zu lang ist, oder ein Team in einer Produktionsabteilung will analysieren, warum Fehlerquote und Ausschussrate so hoch sind.

Wie wird die Methode durchgeführt?

1. Der Moderator stellt der Gruppe die Grobstruktur des Ursache-Wirkungs-Diagramms vor. Es handelt sich um ein Flussdiagramm nach dem Fischgrätmuster. An der Pfeilspitze ganz rechts wird das Problem notiert. Fünf Äste werden mit den jeweiligen Ursachen-Kategorien versehen. „Klassische" Ursachen-Kategorien sind z. B. Mensch, Maschine, Methode, Material.
2. Auf Zuruf werden die Problemursachen in das Schema eingetragen.
3. Zum Abschluss kann eine Gewichtung der Ursachen vorgenommen werden.

Ursache-Wirkungs-Diagramm

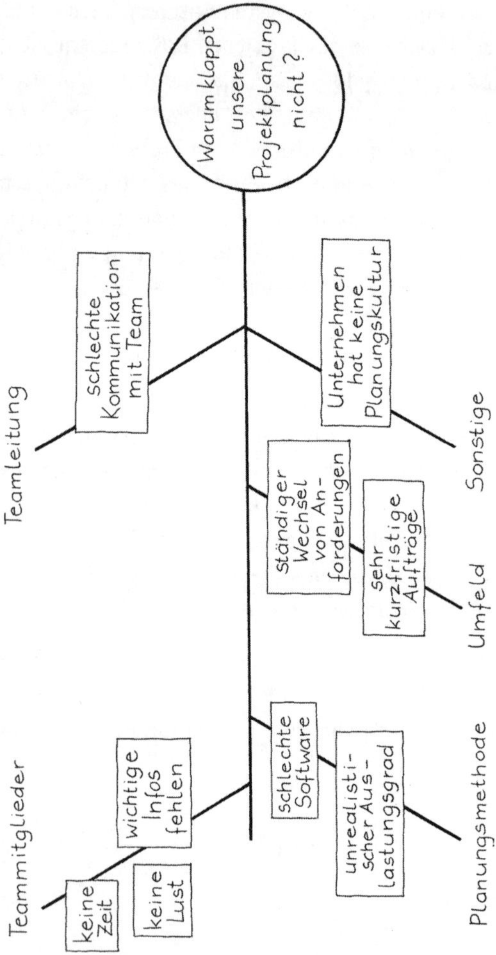

Stärken

Die Struktur des Schemas fördert die systematische und vollständige Analyse eines Problems. Die Suche nach Ursachen wird sehr anschaulich und übersichtlich gestaltet.

Schwächen

Wenn man nach Lösungen sucht, muss jede eingetragene Nennung noch einmal gesondert betrachtet werden. Das ist ein sehr zeitintensives Vorgehen.

Tipp

Bei schwierigen und komplexen Problemen empfiehlt es sich, für jeden Ast eine Kleingruppe zu bilden, die nach den Ursachen der jeweiligen Kategorie sucht. Jede Kleingruppe stellt ihr Ergebnis dann den anderen Teilnehmern vor. Dadurch wird Zeit gespart und gründlicher gearbeitet.

Die Mehrpunktabfrage

Die Mehrpunktabfrage ist eine Abstimmungs- bzw. Auswahlmethode. Sie können sie immer dann einsetzen, wenn aus einer Menge von Alternativen zügig eine Auswahl getroffen und Prioritäten gesetzt werden sollen. Auch Entscheidungen können mit dieser Methode effizient herbeigeführt werden. Sie können diese Methode z. B. nach einem Brainstorming nutzen, wenn es darum geht, die Ideen auszuwählen, mit denen weitergearbeitet werden soll.

Wie wird die Methode durchgeführt?

1 Der Moderator bittet die Teilnehmer, durch „Punktvergabe" eine Auswahl aus einer Reihe von Alternativen zu treffen. Die Alternativen sind an Flipchart oder Pinwand visualisiert.

2 Faustregel: Die Anzahl der Punkte, die jeder Teilnehmer erhält, entspricht der Anzahl der Alternativen geteilt durch zwei. Gegebenenfalls wird abgerundet.

3 Jeder Teilnehmer geht nun zur Pinwand und klebt seine Punkte an. Dabei darf er für ein Thema maximal zwei Punkte vergeben.

- Die Auswertung wird durch Zählen der Punkte vorgenommen.

Mehrpunktabfrage

An welchen Themen arbeiten wir heute?

Thema	
Unpünktlichkeit der Mitarbeiter bei Besprechungen	● ● ● ●
Ressourcenmangel	● ●
Kommunikation im Team	● ● ● ● ● ● ●
Methoden der Projektplanung	● ● ● ● ●
Verhältnis zu Team B	● ● ●

Stärken

Diese Methode liefert immer eine schnelle Entscheidung. Das Verfahren ist einfach und relativ fair. Die Stimmen der Teilnehmer haben das gleiche Gewicht.

Schwächen

Diese Methode führt nicht automatisch zu einer Entscheidung, die von allen getragen wird. Dadurch handelt man sich das Risiko ein, dass in der Abstimmung unterlegene Teilnehmer weder überzeugt sind noch die Entscheidung mit umsetzen werden.

Tipps

- Vor der Arbeit am Thema muss der Moderator die Punktmethode als Entscheidungsmechanismus vorstellen, erklären und die Zustimmung der Teilnehmer zu diesem Vorgehen einholen. Dadurch wird die Vereinbarungstreue der in der Abstimmung „unterlegenen" Teilnehmer erhöht.
- Die Methode kann so durchgeführt werden, dass für jeden Teilnehmer die Anonymität gewahrt bleibt: Die Pinwand wird umgedreht, jeder Teilnehmer klebt einzeln seine Punkte an. Damit die Anonymität des ersten Teilnehmers gewahrt bleibt, klebt der Moderator als Erster seine Punkte an. Diese muss er natürlich nach Abgabe aller Punkte wieder entfernen.
- Die Mehrpunktabfrage eignet sich sehr gut zur Gewinnung eines ersten Meinungsbildes, das dann als Ausgangsbasis für die weitere Diskussion dienen kann.

Zweidimensionales Matrixdiagramm

Diese Methode liefert eine anschauliche Darstellung von Problemen oder Situationen, die von zwei Einflussfaktoren bzw. Aspekten bestimmt werden. Sie ist gut für Vergleiche oder Priorisierungen geeignet.

Das zweidimensionale Matrixdiagramm ist für strategische Überlegungen sehr gut geeignet. In einem Zukunfts-Workshop zum Beispiel beschäftigt sich ein Team mit den externen Entwicklungen, die sich auf das eigene Unternehmen auswirken können. Mit Hilfe des Schemas werden die Entwicklungen hinsichtlich der Wahrscheinlichkeit ihres Eintretens (x-Achse) und ihrer Wichtigkeit für das Unternehmen (y-Achse) geordnet.

Wie wird das Schema verwendet?

1 Legen Sie die zwei Aspekte der Fragestellung bzw. des Problems fest, das untersucht werden soll.

2 Für jeden Aspekt werden dann die beiden wichtigsten Merkmale festgelegt, die berücksichtigt werden sollen. Sie bestimmen die beiden Achsen des Diagramms.

3 Dann werden die Einträge in das Matrixdiagramm vorgenommen.

Zweidimensionales Matrixdiagramm

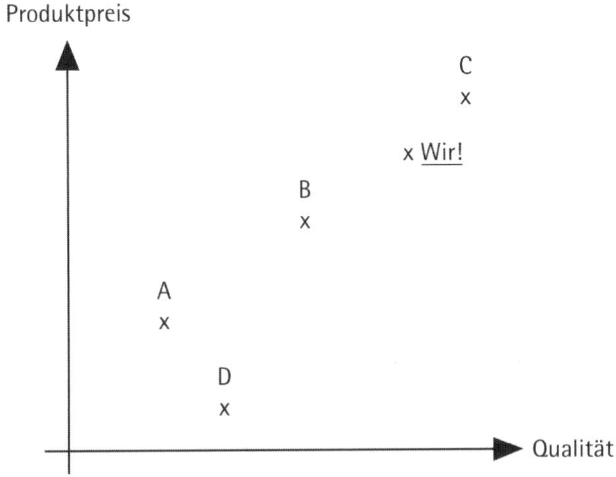

Stärken

Die anschauliche und übersichtliche Darstellung fördert die Einsicht in Zusammenhänge und in das Gesamtproblem.

Schwächen

Bei falscher Auswahl oder Gewichtung der Aspekte und Merkmale kann es leicht zu einer Ergebnisverzerrung kommen. Außerdem neigen viele Menschen aufgrund der Anschaulichkeit zu einer Überschätzung des Grades an Genauigkeit bzw. Verlässlichkeit des Ergebnisses.

Tipp

Mit Hilfe dieser Methode lassen sich Aufgaben oder Vorhaben in Hinsicht auf Wichtigkeit (Bedeutungsdimension) und Dringlichkeit (zeitliche Dimension) gut priorisieren.

Sterndiagramm

Ein Sterndiagramm dient dazu, einen qualitativen oder quantitativen Vergleich zwischen Ist- und Sollzustand zu liefern. Sie erhalten dadurch eine sehr anschauliche Status-Einschätzung.

Beispiel

Das Leitungsteam einer PR-Agentur hat vier Handlungsfelder bestimmt, in denen die Agentur in den nächsten drei Jahren stärker aktiv werden möchte: Qualität für den Kunden, Einbeziehung der Mitarbeiter, eigenes Image, Kostentransparenz. Das Sterndiagramm dient dem Team als Instrument, um den Ist-Zustand in den vier Feldern zu veranschaulichen und geeignete mittelfristige Ziele zu setzen.

Wie wird das Schema verwendet?

1. Legen Sie die Aspekte für den Vergleich zwischen Ist und Soll fest.
2. Bestimmen bzw. charakterisieren Sie für jeden dieser Aspekte den Soll-Zustand (100 %).
3. Übertragen Sie diese Liste in einen Stern nach dem Muster der Beispielskizze.
4. Für jeden Ast des Sterns wird nun der Punkt bestimmt, der den Ist-Zustand repräsentiert.

Sterndiagramm

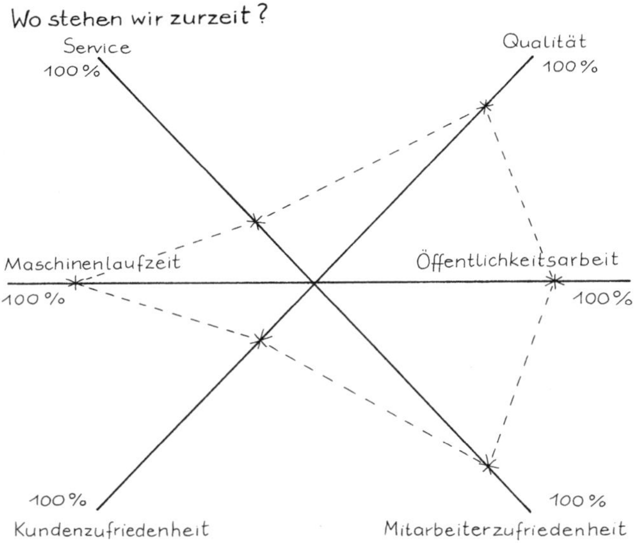

Stärken

Das Sterndiagramm liefert relativ schnell anschauliche, übersichtliche und leicht verständliche Ergebnisse.

Schwächen

Auch hier führt die Anschaulichkeit des Diagramms leicht zu einer Überbewertung der Verlässlichkeit der ermittelten Ergebnisse.

Tipps

- Die Ist-Analyse kann man mit Hilfe von Leitfragen und auf Basis verlässlicher Daten beliebig präzisieren.
- Die Arbeit an einzelnen Ästen kann gut an Kleingruppen delegiert werden.

Die Momentaufnahme/Blitzlicht

Die Momentaufnahme kann grundsätzlich zu jedem Zeitpunkt der Moderation eingesetzt werden. Sie dient dazu, einen schnellen und repräsentativen Überblick zu einer wichtigen Frage zu erhalten.

Die Methode können Sie nutzen, um standardmäßig Zwischenbilanz zu ziehen, etwa nach dem ersten Teil eines Workshops oder einer Besprechung. Sie kann aber auch in Situationen genutzt werden, in denen Sie es für wichtig halten, dass sich jeder Teilnehmer der Gruppe zu einer bestimmten Frage äußert.

Wie wird eine Momentaufnahme durchgeführt?

1 Der Moderator erklärt, dass er eine Momentaufnahme machen möchte, um Standpunkte, Wünsche oder Empfindungen deutlich zu machen. Er erläutert, wie eine Momentaufnahme durchgeführt wird.

  Dabei gelten folgende Regeln:

  – Jeder äußert so viel er mag – allerdings sollte kein Beitrag länger als 45 Sekunden dauern.

- Die Äußerungen werden nicht kommentiert oder diskutiert. Erlaubt sind nur Verständnisfragen.
- Die Teilnehmer verständigen sich über die Reihenfolge, oder der Moderator bittet um Stellungnahme reihum.

2 Der Moderator stellt eine gezielte Frage.
Beispiel: Wie zufrieden ist der Einzelne im Moment mit dem Stand der Diskussion?

3 Jeder Teilnehmer äußert im Rahmen der Regeln seine Meinung.

Stärken

Man erhält sehr schnell und unkompliziert ein Meinungsbild. Jede Stimme hat dabei das gleiche Gewicht.

Schwächen

Die Momentaufnahme sollte sehr sparsam eingesetzt werden. Sie birgt die Gefahr, „Betroffenheitsdiskussionen" zu ermutigen – auch wenn diese fehl am Platze sind. „Meinungsführer" können mit ihrer Stellungnahme ein Signal setzen und das Bild verzerren.

Tipps

- Eine sehr zügige Version verzichtet auf verbale Rückmeldungen. Beschränken Sie die Antwortmöglichkeiten der Teilnehmer auf drei körpersprachliche Zeichen: Daumen nach oben, nach unten oder seitlich.

- Falls das Ergebnis der Momentaufnahme Diskussionsbedarf signalisiert, muss der Moderator die Arbeitsphase an dieser Stelle unterbrechen und dafür sorgen, dass das Ergebnis bearbeitet wird, z. B. durch Diskussion.

Handlungsplan

Der Handlungsplan ist eines der wichtigsten Instrumente der Moderation. Die Gruppe sollte nicht auseinander gehen, ohne konkrete Vereinbarungen getroffen und beschlossen zu haben, was als Nächstes von wem bis wann zu tun ist.

Dazu ein Beispiel, das nach Bedarf verändert werden kann. Die Spielregel ist in diesem Fall die Lösung für eine Situation, mit der alle Beteiligten unzufrieden waren. Die weiteren Punkte dienen zur Konkretisierung und Präzisierung der Spielregel.

Beispiel

Ab sofort halten wir uns an diese Spielregel:

Offene Fragen werden der Abteilungsleitung (AL) vom Team nur noch mit einem ganz konkreten Lösungsvorschlag, einer Folgenabschätzung (Nutzenbewertung), einer groben Zeit- und Arbeitsplanung bzw. einer vollständigen Begründung des Lösungsvorschlags vorgelegt.

Die AL weicht von diesem Lösungsvorschlag nur dann ab, wenn sie dem Team eine nachvollziehbare Begründung dafür liefert.

Wer?	Herr Müller, Teamleiter
Macht was?	Offene Fragen mit vollständig begründetem Lösungsvorschlag vorlegen
Mit wem?	Frau Meier
Bis wann?	Rechtzeitig vor Entscheidungsbedarf durch AL; Richtzeit: 18 Tage
Kennzahlen für den Erfolg?	– Verhältnis der von der AL akzeptierten zu den nicht akzeptierten Entscheidungen – Anzahl der erfolgreich/nicht erfolgreich umgesetzten Lösungen
Messmethode?	Monatsbilanz und Jahresbilanz durch Zählen
Mit welchem Ziel/wozu?	Das Team soll alle wichtigen Fragen selbst mit nachvollziehbarer Begründung entscheiden und damit Erfolg haben
Wer checkt den Erfolg und gibt Rückmeldung an wen?	Herr Huber; Rückmeldung an AL und Team (monatlich bzw. Jahresbilanz)

Tipps

- Um Missverständnisse zu vermeiden, sollten im Zweifelsfall ganze Sätze formuliert werden. Der Handlungsplan wird ins Ergebnisprotokoll mit aufgenommen.
- Nicht immer müssen alle Felder des Schemas ausgefüllt werden. Oft genügen die Antworten auf einen Kern an Fragen: Wer? Macht was? Bis wann? Wer checkt den Erfolg und gibt Rückmeldung an wen?
- Im Idealfall wird der Handlungsplan im Konsens vereinbart.

Ziele/Teilziele

Dieses Schema liefert ein Zielsystem, also die Basis für die Planung eines Projekts. Das Schema ist immer dann einsetzbar, wenn es um die Durchführung konkreter Projektvorhaben geht.

Beispiele

Das Team eines Beratungsunternehmers bereitet einen internationalen Kongress vor; ein Projektteam eines Software-Unternehmens erstellt den Entwurf für ein neues Anwenderprogramm; die Lehrer einer Schule planen einen Tag der offenen Tür.

Wie wird das Schema verwendet?

1 Die Arbeitsphase „Ziele finden und formulieren" sollte Schritt für Schritt durchlaufen werden. Die Ergebnisse werden dann als Zusammenfassung und Konkretisierung in das unten dargestellte Schema übertragen.

2 In einem weiteren Schritt werden die für Ziele bzw. Teilziele verantwortlichen Personen benannt.

1. Wie lautet der Auftrag?

____

2. Warum ist der Auftrag wichtig?

____

3. Das Ziel des Auftrags

Ziel	End-termin	Mess-kriterien	Verant-wortlich	Zwischen-bilanz am

4. Teilziele

Teilziel	End-termin	Mess-kriterien	Verant-wortlich	Ist das Teilziel ein Mei-lenstein?

Stärken

Die konsequente Arbeit mit diesem oder einem ähnlichen Schema führt zu einem klaren, systematischen und verbindlichen Zielsystem. Dadurch werden viele Missverständnisse vermieden.

Schwächen

Eine präzise Zielformulierung erfordert gut geschulte Teilnehmer und viel Zeit. Doch diese Investition lohnt sich. Denn präzise Ziele werden mit weit höherer Wahrscheinlichkeit umgesetzt als unklare und vieldeutige Absichtserklärungen. Die Arbeit mit präzisen Zielen schafft Übersicht und beugt zeitraubenden Missverständnissen vor.

Tipps

- In der Spalte „Zwischenbilanz" werden Termine eingetragen, an denen der Status des Projekts bzw. der Grad der Zielerreichung überprüft wird. Diese Termine müssen nicht mit Terminen für Teilziele identisch sein. Es kann sich um andere signifikante Zeitpunkte handeln (z. B. die letzte Woche vor dem Betriebsurlaub, Weihnachten, Urlaub des Projektleiters etc.)
- Ein Meilenstein ist ein Termin für ein sehr wichtiges Teilziel, an dem eine Überprüfung des Grades der Zielerreichung angesetzt wird.

Wie Moderationstechniken ausgewählt werden – zwei Fallbeispiele

Fallbeispiel 1: Planungs- und Abwicklungsprobleme

Um zu veranschaulichen, wie Sie diese Moderationswerkzeuge einsetzen können, greifen wir auf das Fallbeispiel von S. 40 „Wie Sie eine Arbeitsphase aufbauen" zurück. Sie sollten dort ein Team von Softwareentwicklern unterstützen, die Probleme mit der Projektplanung und -abwicklung hatten. Es ging vor allem darum, die wichtigsten Schwachstellen und deren Ursachen herauszufinden. Die Meinungen im Team über den Ursprung der Probleme waren denkbar unterschiedlich.

Vor dem Hintergrund dieser Problemstellung haben wir die Arbeitsphase strukturiert (siehe S. 41). Wie geht es weiter? – Sie sollten sich nun genau überlegen, für welchen Arbeitsschritt Sie welche Moderationstechnik einsetzen wollen. Nehmen Sie sich dazu jede Frage, die Sie für die Arbeitsphase vorgesehen haben einzeln vor.

1 Welche Probleme gibt es im Umfeld Projektplanung und Projektabwicklung?
Für diese Frage bietet sich eine Ideensammlung als Bearbeitungsmethode an. So erhält die Gruppe schnell einen Überblick über die Problemfülle. Die Antworten erfolgen per Zuruf und werden vom Moderator auf einer Flipchartseite festgehalten.

2 Welche konkreten Beispiele gibt es für diese Probleme?
In diesem Arbeitsschritt können Sie Kleingruppen bilden mit je drei oder vier Teilnehmern. Jede Gruppe erhält z. B. zwei oder drei der unter Frage 1 gesammelten Problempunkte und bringt dann zu jedem dieser Punkte ein oder zwei konkrete Beispiele. Die Kleingruppen stellen ihre Ergebnisse dann reihum den anderen vor.

3 Wie wirken sich diese Probleme im Alltag aus?
Auch hier bieten sich wieder Kleingruppen an. Die Kleingruppen stellen die Auswirkungen der einzelnen Probleme für den Alltag in Form einer einfachen Liste zusammen (Ideensammlung). Die Ergebnisse werden dann wieder der gesamten Gruppe vorgestellt. An diesem Punkt der Ar-

beitssitzung sollten allen Teammitgliedern Zahl, Art und Auswirkungen der verschiedenen Probleme klar sein.

4 Wie lange hat das Team diese Probleme schon?
Diese Frage lässt sich gut mit allen Teammitgliedern gemeinsam beantworten. Die Antworten werden schriftlich auf derselben Flipchartseite festgehalten wie das Ergebnis der Ideensammlung zu Frage 1.

5 Welche dieser Probleme sind für die Kunden am ärgerlichsten? und

6 Welche sind für das Team am schwerwiegendsten?
Diese beiden Fragen lassen sich gleichzeitig von zwei Kleingruppen bearbeiten. Basis dafür sind die Antworten auf Frage 3: Die wichtigsten Probleme sind die mit den unangenehmsten Auswirkungen für die Kunden bzw. das Team. Sollten es sehr viele Probleme sein, oder ist sich die Kleingruppe nicht einig, kann eine Mehrpunktabfrage als Entscheidungsverfahren helfen. Selbstverständlich stellt wieder jede Gruppe ihr Ergebnis der jeweils anderen Gruppe vor.

7 Wer ist noch von den Problemen betroffen?
Hier sollte wieder die gesamte Gruppe zusammenarbeiten. Dadurch wird sichergestellt, dass auch wirklich alle wichtigen Personen(-gruppen) erfasst werden, die von den Problemen betroffen sind. Als Methode eignet sich wieder eine einfache Ideensammlung. Das Ergebnis wird auf einer Flipchartseite festgehalten.

8 Welche Probleme sind die schwerwiegendsten?
Mit dieser Frage sollen die Probleme herausgefunden wer-

den, die dann als Erste in Angriff genommen und gelöst werden sollen. Falls sich die Gruppe nicht einigen kann, können Sie wieder eine Mehrpunktabfrage einsetzen, um eine Entscheidung herbeizuführen. Sollten die Fragen 5 und 6 nur wenige Probleme ergeben haben, kann diese Frage auch hinfällig werden. Denn dann können alle Probleme gleich bearbeitet werden.

9 Welche Ursachen gibt es für diese Probleme?
Kleingruppen können zu dieser Frage ein Ursache-Wirkungsdiagramm erstellen. So erfolgt die Suche nach den Ursachen auf jeden Fall systematisch und umfassend. Die Kleingruppen halten die Ergebnisse schriftlich fest und erläutern sie später den anderen Kleingruppen. An diesem Punkt hat sich das Team auf die wichtigsten Probleme geeinigt und deren Ursache erkannt.

10 Welche Ursachen könnte es noch geben?
Zum Abschluss bearbeitet die Gruppe diese Frage gemeinsam. Sie testet die Vollständigkeit der Antworten von Frage 9. Die Frage kann den Kleingruppen bei der Präsentation ihrer Ergebnisse aus Frage 9 gestellt werden.

Nun haben Sie die Struktur der Arbeitsphase festgelegt und Sie haben sich überlegt, mit Hilfe welcher Moderationstechniken die einzelnen Schritte bearbeitet werden sollen. Wenn Sie jetzt noch für jeden Schritt den benötigten Zeitaufwand schätzen, haben Sie einen Zeit- und Arbeitsplan für die Arbeitsphase der Moderation.

Fallbeispiel 2: Die Zusammenarbeit klappt nicht

Ein weiteres Beispiel soll Ihnen verdeutlichen, wie sehr der Aufbau der Sitzung und die Wahl der Moderationstechniken von der individuellen Situation abhängt.

Im Team ist das Verhältnis untereinander und zum Abteilungsleiter sehr gespannt. Alle leiden unter dieser auch emotional stark belastenden Situation. Einige Teammitglieder schlagen vor, die Situation in einer moderierten Sitzung zu besprechen. Herr Sommer, der Teamleiter eines anderen Teams in der Firma, soll moderieren. Er genießt das Vertrauen aller Teammitglieder. Herr Sommer stellt das folgende Leitfragensystem zusammen und bestimmt die Moderationstechniken für die Arbeitsphase.

1 Wie lautet die Ausgangsfrage, zu der wir uns ein Bild machen sollen?
   Die gewünschte Bestandsaufnahme lautet: Welche Schwierigkeiten sehe ich im Team? Diese Frage spricht Herr Sommer mit dem Team ab und beginnt damit die Arbeitsphase.

2 Welche Schwierigkeiten gibt es?
   Für die Bestandsaufnahme der Schwierigkeiten im Team bieten sich eine Ideensammlung oder die Zielscheibe als Moderationstechniken zwar an – sind aber in dieser Situation nicht geeignet. Das Klima im Team ist viel zu schlecht. Herr Sommer wählt also die Kartenabfrage: Sie sichert den einzelnen Teammitgliedern Anonymität und erhöht die Wahrscheinlichkeit, dass tatsächlich die wirklichen Schwachstellen angesprochen werden.

3 Wie können wir die Schwierigkeiten einteilen und zusammenfassen?
Die Antwort ergibt sich aus der Kartenabfrage. Ergebnis ist eine übersichtliche und gegliederte Bestandsaufnahme der „Problemlandschaft" im Team.

4 Welche Schwierigkeiten sind für uns am wichtigsten? Herr Sommer wählt die Mehrpunktabfrage als Instrument, um die Probleme herauszufinden, die am meisten unter den Nägeln brennen. Damit sind die Probleme nun vollständig erfasst, gebündelt und gewichtet.

5 Wie geht es weiter? (Handlungsplan)
Nun wird geklärt, wer was bis wann tun wird. Die Ergebnisse werden mit Hilfe des Handlungsplan-Schemas festgehalten und in das Protokoll übernommen.
In unserem Fall hat sich das Team entschlossen, Herrn Sommer als Moderator an Bord zu holen, um die Schwierigkeiten, die nun bekannt sind, in einem zweitägigen Workshop intensiv zu bearbeiten. Der Handlungsplan enthält bereits die Schritte zur Planung und Vorbereitung des Workshops.

Die Beispiele haben es gezeigt: Es gibt kein Standardvorgehen und kein Patentrezept für die Strukturierung und Gestaltung der Arbeitsphase einer moderierten Sitzung. Jedes Leitfragensystem muss mit Hilfe der Informationen aus der Adressatenanalyse für die jeweilige Situation maßgeschneidert werden. Auch die Moderationstechniken sind auf die speziellen Gegebenheiten z. B. die Stimmung in der Gruppe, die Größe der Gruppe u. Ä. abzustimmen.

Die Kunst, die richtigen Fragen zu stellen

Eine kluge Frage ist die halbe Weisheit. (Francis Bacon)

Ein guter Moderator ist immer auch ein guter Kommunikator. Zu den kommunikativen Fertigkeiten, die einen guten Moderator auszeichnen, ließe sich problemlos ein eigenes Buch schreiben. Hier beschränken wir uns auf die wichtigste: den richtigen und bewussten Umgang mit Fragen.

Fragen ist die zentrale Kommunikationsform der Moderation. Durch zielgerichtetes Fragen trägt der Moderator erheblich zum Erfolg der Arbeitssitzung bei. Mit Hilfe kluger Fragen kann er

- die nötigen Informationen in der Vorbereitungsphase einholen,
- die Arbeitssitzung und die Arbeitsphase strukturieren,
- die Umsetzung der Arbeitsphase unterstützen,
- alle Teilnehmer einbeziehen und
- schwierige Situationen meistern.

Welche Frageart passt zu welcher Situation?

Als Moderator sollten Sie die wichtigsten Fragearten kennen und mit ihnen umgehen lernen. Denn die verschiedenen Fragearten können gezielt für unterschiedliche Zwecke eingesetzt werden.

Es gibt offene und geschlossene Fragen. Offene Fragen fordern ganze Sätze als Antwort, während man auf geschlossene Fragen mit einem einzigen Wort oder der knappen Nennung einer Tatsache ausreichend reagiert hat. Die Antwort auf eine offene Frage fällt also in der Regel länger und ausführlicher aus als die meist knappe Reaktion auf eine geschlossene Frage.

Den Gesprächspartner mit offenen Fragen einbeziehen

Offene Fragen haben den Vorteil, dass sie den Gesprächspartner zum Nachdenken anregen, ihn einladen, sich intensiv mit einer Sache auseinander zu setzen und eigene Lösungsvorschläge vorzubringen. Durch offene Fragen erfährt man in aller Regel mehr als durch geschlossene.

Hier einige Beispiele für offene Fragen:

- Welche Gründe sprechen aus Ihrer Sicht für den Vorschlag?
- Worin sehen Sie den Hauptvorteil?
- Wie sollten wir weiter vorgehen?
- Was würden Sie jetzt tun?
- Was sind die Ursachen des Problems?
- Wie können unsere Besprechungen effektiver werden?

Offene Fragen wendet man deshalb als Moderator an, um

- tiefergehende Informationen zu erhalten,
- freie Meinungsäußerung zu fördern,
- Gedanken anzuregen,
- Kreativität zu fördern.

Wenn Sie beispielsweise im Rahmen der Adressatenanalyse Vorgespräche führen und sich die Gesprächspartner zurückhaltend oder zögerlich verhalten, kann eine offene Frage das Eis brechen. Sie signalisieren damit auf sehr deutliche Weise, dass Ihnen die Ansicht oder die Ideen Ihres Gesprächspartners wirklich wichtig sind.

Sie werden als Moderator auch oft Teilnehmer in Ihrer Gruppe haben, die sehr zurückhaltend sind und meistens schweigen. Wir glauben nicht, dass es sinnvoll ist, ruhige Teilnehmer regelmäßig zu Stellungnahmen zu zwingen. Es gibt eben introvertierte Menschen, deren zurückhaltende und ruhige Art vom Moderator zu respektieren ist.

Manchmal aber empfiehlt es sich, ein deutliches Signal zu geben, dass jeder in der Gruppe mitreden darf. Vielleicht ist ja nur übertriebene Schüchternheit der Grund für die Zurückhaltung. In einer solchen Situation bieten sich offene Fragen an.

Beispiel

Sie sollen einen Workshop zur Problemlösung gestalten und moderieren. Im Vorgespräch mit Herrn Maier möchten Sie herausfinden, warum die bisherigen Lösungsversuche gescheitert sind. Doch Herr Maier ist sehr verschlossen.

In dieser Situation bieten sich die folgenden offenen Fragen an:

„Was hätten Sie denn aus jetziger Sicht damals anders gemacht?"„Welche Vorteile hatten denn die bisherigen Lösungsversuche Ihrer Meinung nach?"
„Welche Erfahrungen haben Sie bisher mit der Lösung der Probleme gemacht?"
„Was würden Sie beim nächsten Mal anders machen?"

Zum Vergleich dazu ein paar geschlossene Fragen, die in solchen Situationen oft genug gestellt werden und Herrn Maiers Zurückhaltung wohl kaum lösen:

„Herr Maier, sind Sie mit den Lösungsansätzen, die schon ausprobiert wurden, zufrieden?" (Mögliche Antwort: „Nein.")
„Hätten Sie etwas anders gemacht?" (Mögliche Antwort: „Nein.")
„Sollte man beim nächsten Versuch anders vorgehen?" (Mögliche Antwort: „Ich weiß es nicht.")

Wenn Sie während einer Arbeitssitzung einen Teilnehmer in das Gespräch einbinden wollen, könnten die folgenden Fragen hilfreich sein:

„Herr Peter, Sie haben gerade die Meinung von Frau Werth gehört. Wie sehen die Dinge aus Ihrer Sicht aus?"
„Herr Schneider, Sie haben ja sehr viel Erfahrung bei der Bearbeitung derartiger Themen. Worauf sollten wir denn bei der Umsetzung besonders achten?

Zum Vergleich wieder typische geschlossene Fragen, wie sie hier eher nicht angebracht wären:

„Herr Peter, Sie haben gerade die Meinung von Frau Werth zu dem Lösungsvorschlag gehört. Möchten Sie dazu etwas sagen?" (Mögliche Antwort: Kopfschütteln.)

„Herr Schneider, Sie haben sehr viel Erfahrung auf diesem Gebiet. Haben Sie dazu noch etwas beizutragen?" (Mögliche Antwort: „Nein.")

Klare Antworten auf geschlossene Fragen

Geschlossene Fragen können ganz kurz mit einem Wort oder einer Geste beantwortet werden.

Die folgenden Fragen sind Beispiele für geschlossene Fragen:

- Wie spät ist es?
- Wie heißen Sie?
- Wo ist der Projektor?
- Wer kann zur nächsten Sitzung nicht kommen?
- Wann treffen wir uns wieder?
- Wer führt heute Protokoll?
- Bis wann liegt die Auswertung vor?
- Wer übernimmt die Verantwortung für das erste Teilziel?

Geschlossene Fragen wendet man als Moderator an, um

- Einverständnis bzw. Zustimmung einzuholen,
- eine Bestätigung zu bekommen,
- Gespräche möglichst straff zu führen,
- Übereinstimmung zu sichern,
- eine klare Antwort zu bekommen.

Fragen nach dem Einverständnis einer Gruppe sind eine sehr wichtige geschlossene Frageform. Der Moderator bespricht den Arbeits- und Zeitplan der Arbeitssitzung und stellt die geschlossene Frage: „Sind Sie einverstanden, wenn wir nach diesem Plan vorgehen?" Sie holen durch eine solche Frage die Zustimmung der Teilnehmer ein. Sollte von einem oder mehreren Teilnehmern ein Nein als Antwort kommen, muss natürlich geklärt werden, was an dem Plan abgelehnt wird und warum. Geschlossene Fragen eignen sich auch gut, um unklare oder sehr lange Redebeiträge zu präzisieren oder zu strukturieren.

Beispiel

Sie moderieren einen Workshop und Herr Huber führt gerade in epischer Breite seine Vorschläge aus. Sie sehen an den körpersprachlichen Signalen der anderen Teilnehmer, dass sie sich langweilen: kurzer Blick zur Decke, leichtes Grinsen, Hände über dem Kopf zusammenschlagen, flehende Blicke zum Moderator u. Ä.

In dieser Situation können Sie folgende geschlossene Fragen einsetzen, um auf den Punkt zu kommen:
„Herr Huber, sind Sie nun für oder gegen das Projekt?"
„Wann sollten wir mit dem Projekt beginnen?"
„Wen schlagen Sie als Projektleiter vor?"

Zum Vergleich ein paar offene Fragen, auf die Herr Huber wahrscheinlich ganz anders reagieren würde und nicht unbedingt im gewünschten Sinne:

„Herr Huber, welche Gründe sprechen aus Ihrer Sicht für und welche gegen das Projekt?" (Mögliche Reaktion: Herr Huber beginnt seinen Vortrag wieder von vorne.)
„Herr Huber, wie sehen Ihre Vorschläge zum Projektstart aus?" (Mögliche Antwort: „Tja also, das ist natürlich ein sehr wichtiges und kniffliges Thema. Da muss ich ein bisschen ausholen ...")
„Was ist Ihre Meinung zum Thema Projektleitung?" (Mögliche Antwort ist auch hier wieder eine weitschweifige Rede.)

Zwei nützliche Fragetechniken

Rückfragetechnik

Als Moderator werden Sie nicht nur selbst Fragen stellen, Sie werden auch immer wieder mit Fragen konfrontiert, die an

Sie gestellt werden. Oft wäre eine Antwort jedoch unvereinbar mit Ihrer Aufgabe als Moderator. Sie sollen die Gruppe ja gerade dabei unterstützen, mit Hilfe des eigenen Potentials an Ideen und Erfahrungen eigene Lösungen zu finden. Also brauchen Sie eine Möglichkeit, sich der Frage zu entziehen, ohne den Fragenden zu brüskieren und ohne den Kommunikationsfluss der Gruppe zu stören. Eine sehr nützliche Technik dazu ist die Rückfragetechnik.

Werden Ihnen aus der Gruppe Fragen gestellt, die die Gruppe selbst beantworten kann bzw. sollte, ist es sinnvoll die Frage an die Gruppe zurückzugeben. Hier einige Beispiele für typische Moderationsdialoge:

Beispiele

Herr Simon: „Wie können wir denn nun mit einem schwierigen Kollegen umgehen?"

Moderator: „Sie haben ja alle sehr viel Erfahrung in dieser Hinsicht – was meinen die anderen?"

Herr Jäger: „Was würden Sie denn an meiner Stelle tun?"

Moderator: „Eine gute Frage, die ich gleich an die Gruppe weitergeben möchte. Stellen Sie sich bitte vor, Sie wären in derselben Situation wie Herr Jäger: Was würden Sie tun?"

Frau Schneider: „Also ich sehe da keine Lösung. Sie haben doch viel Erfahrung in solchen Dingen: Was raten Sie uns denn?"

Moderator: „Na, wir werden aus dieser Sackgasse doch wohl herausfinden. Sammeln wir einfach ein paar Ideen für mögliche Lösungen – sie dürfen ruhig verrückt oder ausgefallen sein. Wer legt los?"

Die Rückfragetechnik eignet sich gut dazu

- freie Meinungsäußerung zu fördern,
- Diskussionen anzuregen,
- die Teilnehmer zu ermuntern, ihrem eigenen Urteil zu vertrauen,
- die Teilnehmer konkret in die Verantwortung zur Lösungsfindung einzubeziehen.

Nachfragetechnik

Eine in vielen Situationen sehr wirkungsvolle Technik ist das Nachfragen. Eine geschickt angewandte Nachfragetechnik erfordert vom Moderator große Aufmerksamkeit und die Fähigkeit, die Beiträge der Teilnehmer sofort auf ihre Stichhaltigkeit hin zu überprüfen. Bei der Nachfragetechnik beziehen Sie sich auf die unmittelbar vorhergehende Äußerung Ihres Gesprächspartners. Sie dient in erster Linie dazu, die Äußerung besser zu verstehen oder den Gesprächspartner einzuladen, seine eigene Aussage zu präzisieren oder zu hinterfragen.

Nachfragen hilft immer dort, wo es ungenau wird oder jemand bewusst etwas verschleiern will. Sie können mit der Nachfragetechnik

- Blockaden auflösen,
- Begriffe präzisieren,
- Verallgemeinerungen relativieren,
- versteckte Annahmen aufdecken.

Beispiele

Blockaden auflösen

Herr Ende: „Das funktioniert ja doch nicht."
Moderator: „Was müsste denn getan werden, damit es funktioniert?"
Frau Schwarz: „Das kann ich nicht."
Moderator: „Was bräuchten Sie, um es zu schaffen?"

Begriffe präzisieren

Frau Winter: „Es gibt so viele Spannungen bei uns."
Moderator: „Was meinen Sie mit ‚Spannungen'?"
Herr Ziege: „Ich finde diese Lösung nicht so toll."
Moderator: „Was genau meinen Sie mit ‚nicht so toll'? Könnten Sie uns das näher erläutern?"

Verallgemeinerungen relativieren

Frau Müller: „Das machen doch alle so!"
Moderator: „Wie könnte man es sonst noch machen?"
Herr Maier: „Die anderen werden da nicht mitmachen!"
Moderator: „Wer genau wird nicht mitmachen?"

Versteckte Annahmen aufdecken

Herr Träger: „Der hat doch bloß keine Lust!"
Moderator: „Wie kommen Sie darauf, dass er keine Lust hat?"
Frau Werth: „Das kriegen wir beim Chef nie durch."
Moderator: „Was macht Sie so sicher, dass das beim Chef nie durchkommt?"

Wie Sie schwierige Situationen meistern können

Die folgenden Anregungen sollen Ihnen Reaktionsmöglichkeiten für typische schwierige Situationen aufzeigen. Auch hier gibt es natürlich keine Patentrezepte. Immer wieder gibt es Momente, in denen selbst „alte Moderationshasen" überrascht sind und nicht sofort wissen, was sie tun sollen. In solchen Fällen ist es am besten, ehrlich zu sein, sich Zeit zum Nachdenken zu nehmen und dann dem eigenen gesunden Menschenverstand zu vertrauen. Falls das schief gehen sollte: Na und? Niemand ist vollkommen!

Unseren Tipps und Anregungen liegen drei Grundprinzipien zugrunde, die Ihnen in schwierigen Situationen schon einmal eine erste Idee für eine adäquate Reaktion geben können:

1. Fragen stellen, Fragen stellen und Fragen stellen!
2. Die Teilnehmer konsequent in die Lösungsfindung einbeziehen.
3. Die „Moderationszügel" in der Hand behalten.

Die Beiträge kommen nur zögerlich oder sind unklar

In dieser Situation können Sie durch geschickt gestellte Fragen erreichen, dass eine schleppende oder zurückhaltende Diskussion in Schwung kommt.
Mit den folgenden Fragen laden Sie die Teilnehmer ein, intensiver in die Diskussion einzusteigen:

- Das habe ich noch nicht ganz verstanden: Wie hängen die beiden Vorfälle zusammen?
- Ist das Ihr wichtigstes Interesse – oder ist Ihnen etwas anderes noch wichtiger?
- Herr X, könnten Sie bitte kurz zusammenfassen, was Frau Y gesagt hat? Dann weiß Frau Y, ob und wie ihre Erklärung bei Ihnen angekommen ist.
- Welches konkrete Beispiel gibt es dafür?
- Können Sie das noch etwas genauer und anschaulicher beschreiben?
- Wen meinen Sie genau mit „die Führungskräfte"?

Es wird undiszipliniert durcheinander geredet

Gerade in einer produktiven und lebhaften Arbeitsatmosphäre kommt es nicht selten zu Situationen, in denen alle gleichzeitig sprechen wollen. Hier ist der Moderator gefordert, durch Zuordnen und Sichern der Wortmeldungen Ordnung in die Diskussion zu bringen. Das kann Ihnen z. B. durch folgende Anweisungen gelingen:

- Erst Herr Sommer, dann Herr Franz und dann bitte Frau Wirth. Einverstanden?
- Jetzt habe ich den Überblick verloren – bitte geben Sie noch einmal die Handzeichen für Wortmeldungen.
- Frau Wirth, Ihre Schnelligkeit in Ehren – aber Herr Franz hatte sich vor Ihnen zu Wort gemeldet.

- Herr Sommer, ich erinnere an die Spielregel „Ausreden lassen!". Frau Wirth, bitte beenden Sie Ihre Erläuterung des Beispiels.

Die Teilnehmer schweifen vom Thema ab

Je komplexer die Aufgabe der Gruppenarbeit oder je „heißer" das Thema, desto leichter gerät die Diskussion auf Abwege. Auch in diesem Fall sollten Sie eingreifen und die Diskussion wieder in die gewünschte Richtung bringen. Manchmal wird es auch sinnvoll sein, das Themenspektrum spontan zu erweitern, auch wenn es vom Arbeitsplan abweicht. Sie sollten dies dann ansprechen, damit sich die Sitzung nicht ins Uferlose verliert.

Hier einige Beispiele, wie es Ihnen gelingen kann, das Gespräch wieder in die gewünschten Bahnen zu lenken:

- Gut, danke für den Beitrag. Was war die Ausgangsfrage?
- Herr Müller wollte eigentlich die Antwort auf folgende Frage herausfinden: ...
- So, ich glaube, wir können die kleine Ergänzungsdiskussion jetzt beenden und zur eigentlichen Frage zurückgehen, nämlich ...
- Ich glaube, wir reden jetzt nicht mehr über die eigentliche Frage. Ich habe aber den Eindruck, dass dieser Punkt für Sie sehr wichtig ist. Was schlagen Sie vor: zurück zum Thema oder noch ein bisschen Zeit hierfür?

Alle schleichen um den heißen Brei

Was tun, wenn Sie den Eindruck haben, die Gruppe drückt sich vor einem bestimmten Thema oder vor konkreten Entscheidungen? – Eine gute Strategie ist in diesem Falle, der Gruppe durch Ihre Fragen bewusst zu machen, dass sie ein Thema scheut. Oft geben die Teilnehmer die Blockade dann auf.

- Ich habe den Eindruck, wir reden nicht über den eigentlichen Kern der Sache. Im Grunde geht es um folgende Frage: ...
- Auf mich wirkt das jetzt wie eine erbitterte Watteböllchenschlacht; geht es nicht eigentlich um folgende Frage: ...
- Als Moderator habe ich jetzt die Aufgabe, die Diskussion zu unterbrechen. Grund: Ich habe den Eindruck, dass sich niemand an die eigentliche Frage herantraut, nämlich ...

Es wird unübersichtlich

Themen, die in einer moderierten Arbeitssitzung besprochen werden, sind bisweilen sehr komplex. Kein Wunder also, dass es nicht immer klar ist, was noch zum Thema gehört und was nicht. Greifen Sie in diesen Fällen früh genug ein, indem Sie das Problem ansprechen. Die Klärung, was dazugehört und was nicht, kann die Gruppe oft auch in der Sache weiterbringen. Auf folgende Arten könnten Sie z. B. eingreifen:

- Stopp! Bevor wir den Überblick verlieren, sollten wir die wichtigsten Ergebnisse der bisherigen Diskussion zusammenfassen. Wo stehen wir?

- Ich glaube, wir diskutieren gleichzeitig zwei verschiedene Fragen: ...
- Moment, hier laufen gerade zwei Diskussionen auf verbaler Ebene und mindestens noch drei auf körpersprachlicher Ebene. So verzetteln wir uns mit Sicherheit. Deshalb schlage ich vor, die einzelnen Punkte der Reihe nach zu besprechen – auch wenn die Ungeduld in unseren Herzen brennt. Womit fangen wir an?

Es wird laut und unsachlich

Moderationssituationen führen immer wieder dazu, dass Konflikte in der Gruppe auftreten. Das kann ganz unterschiedliche Ursachen haben: von persönlichen Animositäten über geteilte Meinungen zur Sache bis hin zu unterschiedlichen Interessen. Aufgabe des Moderators ist es dann, das Gespräch auf eine sachliche Ebene zurückzuführen und die Konfliktpartner im schlimmsten Fall vor sich und anderen zu schützen. Dabei können folgende Fragen helfen:

- Moment, wir sollten jetzt einmal kurz darüber reden, wie wir hier miteinander umgehen. Wem gefällt der derzeitige Umgangston?
- Zwischenfrage: Halten wir uns noch an die Spielregeln vom Anfang?
- Mir fällt auf, dass Sie sich zunehmend ins Wort fallen – entspricht das unseren Regeln?
- Halt, ich unterbreche die Diskussion. Bitte beantworten Sie folgende Frage: Entspricht das Diskussionsverhalten

während der letzten fünf Minuten unseren zu Beginn vereinbarten Diskussionsregeln?

Vielredner stören die Arbeitsatmosphäre

Allzu knappe und interpretationsbedürftige Diskussionsbeiträge sind relativ leicht durch gezieltes Nachfragen für die Gruppe nutzbar zu machen. Vielrednern Einhalt zu gebieten, verlangt diplomatisches Geschick und konsequentes Durchgreifen gleichzeitig.

Hier einige Vorschläge, wie Sie elegant unterbrechen können:

- Herr Sommer, bitte benennen Sie jetzt in aller Kürze den wichtigsten Punkt Ihres Beitrages, damit er nicht in der Fülle des Gesagten verloren geht: Was ist Ihnen das Wichtigste?
- Herr Sommer, als Moderator habe ich natürlich auch ein Auge auf den Zeitplan. Bitte fassen Sie Ihren Beitrag in zwei abschließenden Sätzen zusammen.
- Herr Sommer, auch auf die Gefahr hin, Ihren Beitrag abzuwürgen: Jetzt sollten wir die anderen Teilnehmer zu Wort kommen lassen. Sind Sie damit einverstanden?

Die Zeit läuft davon

Die große Bedeutung eines Zeitplans haben wir bereits angesprochen. Doch was tun, wenn der Zeitplan ins Wanken gerät? In Abhängigkeit vom Grund für diese Situation können Sie entweder versuchen, die Diskussion zu beschleunigen, oder den Zeitplan gemeinsam mit der Gruppe den neuen Erfordernissen anzupassen.

- Nach dem Zeitplan sollten wir diesen Punkt jetzt abhaken: Gibt es noch wesentliche Anmerkungen zum Thema?
- Wenn wir uns Zeit für diesen Aspekt nehmen, gerät der Zeitplan ins Rutschen. Wie wichtig ist für Sie dieser Aspekt?

Auch Ihre Moderationsarbeit darf Thema sein

Es gibt Situationen, angenehme und unangenehme, in denen Sie als Moderator ruhig auch einmal Ihre Arbeitssituation thematisieren können. Moderatoren sind auch nur Menschen. Solche Beiträge können z. B. so aussehen:

- Mir macht die Zusammenarbeit mit Ihnen richtig Spaß, Sie setzen das Modell zur Konfliktlösung sehr konsequent um: Das macht meine Aufgabe leicht. Danke!
- Es ärgert mich, wenn niemand sich an die Spielregeln hält. Wie soll ich Sie unterstützen, wenn das so weitergeht?

Die Teilnehmer verhalten sich störend

Bisher haben wir Ihnen Situationen vorgestellt, die sich relativ leicht durch geschicktes Fragen meistern lassen. Nicht selten ist aber das allgemeine Verhalten eines Einzelnen oder der gesamten Gruppe so, dass die Arbeitsatmosphäre massiv gestört wird. Dann ist eine entsprechend deutliche Reaktion des Moderators nötig. Solche Störungen sind z. B.:

- den Raum verlassen,
- mit anderen tuscheln,
- lesen,
- schlafen,
- ständig vom Thema ablenken,
- den Moderator oder Teilnehmer angreifen,
- wiederholt irrelevante Fragen stellen.

Es gibt verschiedene Stufen der Reaktion auf störendes Verhalten. Eine sehr „sanfte" Reaktionsmöglichkeit ist das bewusste Ignorieren störenden Verhaltens. Das störende Verhalten verschwindet vielleicht von selbst wieder.

Falls das Ignorieren nicht zum Erfolg führt, sollte man klar machen, dass man sich gestört fühlt. Dabei reicht es oft aus, körpersprachliche Signale auszusenden. Eine wirkungsvolle Kombination sieht so aus: Rede unterbrechen, den oder die „Störer" kommentarlos anlächeln und ruhig warten, bis die Störung, z. B. ein Nebengespräch, beendet ist. Dann die Rede wieder aufnehmen und einfach weitermachen.

Wenn auch das die Situation nicht klärt, ist es an der Zeit, deutlich und gezielt Rückmeldung zu geben. Konkret heißt das:

1. Die Störung klar ansprechen.
2. Genau sagen, was stört.
3. Genau sagen, welche Folgen Sie für Moderator oder Gruppe sehen.
4. Situation klären.
5. Bitte oder Wunsch äußern, Angebot oder Vorschlag machen.
6. Klare Vereinbarung treffen.
7. Weitermachen.

Beispiele

1 *Störung ansprechen:*	„Ich habe im Moment ein Problem."
2 *Sagen, was stört:*	„Herr Friedrich und Frau Werth, seit einer Minute sind Sie in ein intensives Gespräch vertieft."
3 Sagen, welche Folgen Sie sehen:	„Das beeinträchtigt mich in meiner Konzentration, und Sie fallen für die Gruppe aus."
4 *Situation klären:*	„Was beschäftigt Sie so sehr – ist es für unsere Arbeit wichtig?"
5 *Bitte oder Wunsch äußern oder Angebot machen:*	„Bitte unterbrechen Sie Ihr Gespräch und machen Sie wieder mit."
6 *Vereinbarung treffen:*	„Sind Sie damit einverstanden?"
7 *Weitermachen:*	„Danke. Zurück zur Frage nach den Problemursachen ..."

Wenn es zu keinem Einverständnis kommt, bleibt die Sitzung unterbrochen, bis eine Lösung gefunden wurde. Wenn der Moderator die Arbeitssitzung unterbricht und eine Störung klar anspricht, muss auch eine Lösung dafür gefunden werden, bevor die Arbeit weitergeht. Sonst besteht zum einen die Gefahr, dass der Eindruck entsteht, massive Störungen würden toleriert. Zum anderen tauchen ungelöste Schwierigkeiten erfahrungsgemäß früher oder später wieder auf.

Die Moderation nachbereiten

Keine Besprechung und kein Workshop sollte ohne professionelle Nachbereitung abgeschlossen werden. Dazu gehört vor allem, die Ergebnisse schwarz auf weiß festzuhalten. Eine weitere wichtige Aufgabe der Nachbereitung ist eine kritische Auswertung der Arbeitssitzung. In diesem Kapitel erfahren Sie

- wie Sie Resultate in Form eines Protokolls sichern (S. 114)
- wie Sie von der Gruppe Feedback einholen und so Verbesserungsmöglichkeiten erkennen und umsetzen (S. 119)

Die Ergebnisse im Protokoll festhalten

Wesentliche Aufgabe des Moderators in der Phase der Nachbereitung ist es, die Ergebnisse der Arbeitssitzung festzuhalten und möglichst zügig den Beteiligten und Betroffenen zukommen zu lassen. Dazu wird ein Protokoll angefertigt.

> Vor der Verteilung sollte der Moderator die Protokolle überprüfen und „absegnen" lassen, z. B. von zwei vorher bestimmten Teilnehmern. Dadurch vermeidet man Missverständnisse und Fehler.

Folgende Fragen zur Verteilung des Protokolls sollten Sie klären:

- Wer sollte ein Protokoll erhalten?
- Warum braucht er es?
- Bis wann liegt das Protokoll vor?
- Wo wird das Protokoll abgelegt?
- Wer hat Zugriff auf die Ablage?

Protokolle können sehr verschieden aussehen und mehr oder weniger aufwendig erstellt sein. Welche Protokollform wann die beste ist, hängt von verschiedenen Kriterien ab: von der Homogenität der Gruppe, von Art und Inhalt des Auftrags oder von der Komplexität der Ergebnisse. Im Folgenden stellen wir Ihnen die wichtigsten Protokollformen vor.

Pinwandprotokoll, Flipchartprotokoll, Tafelprotokoll

Das Pinwand-, Flipchart- bzw. Tafelprotokoll ist die einfachste Protokollform. Dabei handelt es sich um eine genaue Abschrift oder Fotografie (eventuell mit einer Sofortbildkamera angefertigt) von Visualisierungen auf Pinwand, Flipchart oder Tafel. Diese Abschriften sind im Grunde keine vollwertigen Protokolle, sie sind aber übliche Bestandteile der folgenden Protokollformen.

Ergebnisprotokoll

Im Ergebnisprotokoll werden nur die erarbeiteten Ergebnisse festgehalten. Der Weg, auf dem die Ergebnisse erarbeitet wurden, wird nicht protokolliert. Gut bewährt hat sich die Kombination aus Fragen (Themen, die behandelt wurden) und Antworten (Ergebnisse). Ergebnis kann und sollte auch ein Handlungsplan sein.

Ein Ergebnisprotokoll reicht für die meisten Arbeitssitzungen aus. Man hält die wesentlichen Resultate fest, auf die die Gruppe sich geeinigt hat. Diese Grundidee wird durch das folgende Beispiel verdeutlicht:

Beispiel

Thema der Arbeitssitzung:	Priorisierung von Projekten im Team
Datum und Zeit:	23.11.20XX; 14:00 – 20:00 Uhr.
Leitung der Arbeitssitzung:	Frau Werner
Protokollführer:	Herr Maier

1. Warum klappt unser Priorisierungsverfahren nicht?

a. Verhalten im Team: unterschiedliche Kriterien und Ziele, Abstimmung findet nicht statt, ...

b. Zusammenspiel Team – Abteilungsleitung: ungenügender Informationsfluss, keine übergeordneten Abteilungsziele, ...

c. Umfeld des Teams: keine Planungskultur im Unternehmen, starke „politische" Einflüsse, ...

d. Methode: zeitliche Dimension im Priorisierungssystem fehlt; Priorisierungskriterien sind zu kompliziert, ...

2. Welche Ursachen sind die wichtigsten?

Abstimmung im Team findet nicht statt; ungenügender Informationsfluss zwischen Team und Abteilungsleitung; Lücken in der Methode

3. Was tun wir, um die Priorisierung zu verbessern?

Wer?	Hr. Sommer, Fr. Schmidt
Macht was?	Entscheidungsvorlage zur Verbesserung der Priorisierungsmethode
Mit wem?	AL Fr. Huber
Bis wann?	30.6.20XX
Kennzahlen für den Erfolg:	Zahl der klaren Priorisierungen/Zahl der unklaren Priorisierungen
Messmethode:	Monats- und Jahresbilanz durch Zählen
Ziel/Wozu?	Jedes Projekt soll eine eindeutige Prioritätenkennzeichnung erhalten
Wer checkt den Erfolg und gibt Rückmeldung an wen?	Hr. Sommer an Team und AL Fr. Huber

Ergebnisprotokoll mit Kommentar

Ein Ergebnisprotokoll mit Kommentar ist ein erweitertes Ergebnisprotokoll, das zusätzliche Informationen enthält, wie z. B.:

- Begründung und Erläuterung der Ergebnisse,
- Lösungsalternativen, die in Erwägung gezogen aber verworfen wurden sowie die Begründung dafür,
- Beschreibung des Weges, wie die Ergebnisse erarbeitet wurden,
- Liste der Personen, die die jeweiligen Teilergebnisse mit erarbeitet haben.

Die zusätzlichen Informationen sollte man z. B. in folgenden Situationen in das Protokoll aufnehmen:

- Das Protokoll geht an Personen, die von den Ergebnissen betroffen sind, an der Arbeitssitzung aber nicht teilgenommen haben. Damit sie die Ergebnisse verstehen können, brauchen sie Hintergrundinformationen.
- Man hat sich zwar für ein Vorgehen bzw. eine Lösung entschieden, möchte aber die anderen Lösungen, die man in der Sitzung erarbeitet hat, für den Fall festhalten, dass die vereinbarte Lösung doch nicht zu den erwünschten Resultaten führt. Dann kann man mit Hilfe des Protokolls die Überlegungen rekonstruieren, die zu anderen Lösungsmöglichkeiten erarbeitet wurden und muss nicht wieder von vorne anfangen.
- Es ist wichtig zu dokumentieren, dass die Ergebnisse von Personen erarbeitet wurden, die das nötige Fachwissen

mitbringen. Also nimmt man die Argumente für die beschlossene Lösung in das Protokoll mit auf und nennt die Personen bzw. Fachleute, die diese Argumente vertreten.

Ablaufprotokoll

Das Ablaufprotokoll ist die aufwendigste und detaillierteste Protokollform. Es gibt zusätzlich zu den Grundinformationen alle wichtigen Teilschritte der Arbeitssitzung in zeitlicher Folge wieder. Man wird ein Ablaufprotokoll vor allem dann anfertigen,

- wenn es um äußerst wichtige Themen ging,
- wenn die Diskussion kontrovers geführt wurde,
- wenn keine Konsensentscheidung gefunden werden konnte,
- wenn abzusehen ist, dass der erarbeitete Beschluss Anlass zu weiteren Diskussionen sein wird.

Für jeden Themenpunkt können folgende Zusatzinformationen in das Protokoll aufgenommen werden:

- die Methode der Bearbeitung,
- die vorgebrachten Argumente (eventuell mit Namen der Diskutanten),
- Details zum Beschluss (einstimmig oder mehrheitlich; wer dafür und wer dagegen),
- die ausführliche Begründung des Beschlusses.

Erfolge sichern, aus Fehlern lernen

Die Auswertung der Arbeitssitzung erfüllt mehrere wertvolle Funktionen: Es wird damit nicht nur die Qualität der Ergebnisse geprüft, sondern auch die Qualität der Zusammenarbeit. Daraus können die Teilnehmer der Gruppe und der Moderator für die Zukunft lernen. Die Auswertung ruht demnach auf drei Säulen:

1. der Selbst-Check des Moderators,
2. die Selbsteinschätzung der Gruppe,
3. die Einschätzung des Moderators durch die Gruppe.

Die folgenden Checklisten und Beispiele sollen Ihnen als Anregung dienen, wie Sie die Auswertung gestalten können. Jeder Moderator sollte sich auf dieser Basis seine eigenen maßgeschneiderten Checklisten erarbeiten.

Selbst-Check des Moderators

Der Selbst-Check ist eine gute Methode, um aus den positiven und negativen Erfahrungen einer Arbeitssitzung zu lernen. Im Anschluss an jede Arbeitssitzung sollten Sie sich in aller Ruhe und Ausführlichkeit die folgenden Fragen stellen und beantworten:

- Was hat gut geklappt?
- Was ist nicht so gut gelaufen?
- Was mache ich beim nächsten Mal besser?

Wenn Sie diesen Selbst-Check regelmäßig und gewissenhaft durchführen, werden Sie sehr schnell und effizient aus Ihren Erfahrungen lernen.

Beispiel

Situation	Was hat gut geklappt?	Was hat nicht so gut geklappt?	Was mache ich beim nächsten Mal besser?
Konflikt Hr. Simon mit Fr. Karsten	Lösung gefunden	Hat zu lange gedauert; andere Teilnehmer haben sich ausgeklinkt.	Kurze Pause bzw. Unterbrechung und Konflikt in der Pause regeln.
Arbeitsgruppe 2 kann kein Ergebnis vorweisen		Arbeitsgruppe 2 wurde massiv von den anderen Teilnehmern angegriffen	a. Zu Beginn der Gruppenarbeit klar machen, dass „kein Ergebnis" auch ein Ergebnis ist. b. Kontakt zu den Arbeitsgruppen halten, um rechtzeitig planen zu können.
Abteilungsleiter mischt sich bei Frage X sehr stark ein	Unterbrechung durch mich; Hinweis auf dominantes Verhalten wurde voll akzeptiert.		Noch schneller und konsequenter eingreifen!

Die Gruppe bewertet die eigene Zusammenarbeit

Nicht nur der Moderator auch die Teilnehmer der Gruppe sollten die Chance nutzen, über die Erfolge, Misserfolge und Verbesserungsmöglichkeiten bei der Zusammenarbeit Klarheit zu gewinnen. Am Ende einer Arbeitssitzung sollte deshalb jeder Teilnehmer anonym die folgenden vier Fragen beantworten bzw. den Einschätzungsbogen ausfüllen:

Was hat heute bei unserer Zusammenarbeit gut geklappt?

____

Was hat heute nicht so gut geklappt?

____

Was machen wir beim nächsten Mal besser?

____

Was soll so bleiben?

____

Als Zeitpunkt der Auswertung bietet sich bei längerer Zusammenarbeit der Beginn der nächsten Arbeitssitzung an. Die Grundidee dabei ist, dass man sich für jede Arbeitssitzung vornimmt, den wichtigsten Punkt, der beim letzten Mal nicht so gut funktioniert hat, gezielt und bewusst zu verbessern. Resultat der regelmäßig durchgeführten Auswertung und der Reaktion der Gruppe bzw. des Moderators darauf ist mittelfristig ein Katalog von Spielregeln und Vorgehensweisen für die Zusammenarbeit, den sich die Gruppe selbst erarbeitet hat.

Beispiel

Was hat heute bei unserer der Zusammenarbeit gut geklappt?	▪ Niemand hat sich auf Kosten anderen zu profilieren versucht. ▪ Wir haben sehr sachlich diskutiert. ▪ Wir haben uns nur selten verzettelt.
Was hat heute nicht so gut geklappt?	▪ Herr Sommer und Frau Karsten wissen viel zum Thema, haben aber aus irgendeinem Grund nichts gesagt. ▪ Zu wenig Kaffee
Was machen wir beim nächsten Mal besser?	▪ Jeden Teilnehmer direkt um seine Meinung fragen ▪ Mehr Kaffee
Was soll so bleiben?	▪ Die Sachlichkeit

Bewertung des Moderators durch die Gruppe

Es ist eine sinnvolle Ergänzung Ihres Selbst-Checks, wenn die Gruppe Ihre Leistung als Moderator bewertet. Erst aus der Kombination von Selbsteinschätzung und Fremdeinschätzung erhalten Sie ein klares Bild Ihrer Stärken und Verbesserungsmöglichkeiten als Moderator.

Für die Bewertung durch die Gruppe sollte sich jeder Moderator seinen ganz individuellen Bewertungsbogen erarbeiten. Das stellt sicher, dass genau die Aspekte thematisiert werden, die Sie selbst verbessern möchten. Beispiele für derart gezielte Fragen:

- Wie geht der Moderator mit Teilnehmerfragen um?
- Waren die Erklärungen des Morderators verständlich?

Diese Fragen werden Sie stellen, wenn Sie schon einen begründeten Verdacht haben, dass Sie Ihren Umgang mit Teilnehmerfragen noch verbessern können und Ihre Erklärungen für die Teilnehmer nicht immer verständlich sind.

Die folgende Grundform eines Bewertungsbogens ist als Ausgangsbasis schon sehr hilfreich und aussagekräftig:

In welchen Situationen in der Arbeitssitzung hat sich der Moderator heute klug/geschickt verhalten? ________________________________
In welchen Situationen hat sich der Moderator heute unklug/ungeschickt verhalten? ________________________________
Konkrete Vorschläge: Was hätte der Moderator heute besser machen können? ________________________________
Konkrete Hinweise: Was gefällt mir an der Zusammenarbeit mit dem Moderator? ________________________________
Konkreter Schwerpunkt: Welche Verbesserung ist für den Moderator am wichtigsten? ________________________________
Wie lautet mein Gesamturteil für die heutige Arbeitssitzung? ________________________________

Literatur

Kellner, Hedwig, Konferenzen, Sitzungen, Workshops effizient gestalten, München 2000

Malorny, Christian und Langner, Marc Alexander, Gerd F. Kamiske, Moderationstechniken, München 2007

Seifert, Josef W., Visualisieren – Präsentieren – Moderieren, Speyer, 25. Auflage 2007

Seifert, Josef W., Besprechungs-Moderation, 9. Auflage, Bremen 2002

Stichwortverzeichnis

Bibliografische Information der deutschen Nationalbibliothek
Die Deutsche Nationalbliothek verzeichnet diese Publikation in der Deutschen Nationalbibliografie; detaillierte bibliografische Daten sind im Internet über http://dnb.d-nb.de abrufbar.

Print: 978-3-648-02725-7; Bestell-Nr. 00687-0005
ePUB: 978-3-648-02727-1; Bestell-Nr. 00687-0101
ePDF: 978-3-648-02726-4; Bestell-Nr. 00687-0151

5., aktualisierte Auflage 2012

Redaktionsanschrift: Fraunhoferstraße 5, 82152 Planegg
Fon 089 89517-0, Fax 089 89517-290
E-Mail: online@haufe.de
Internet: www.haufe.de
Lektorat: Ilonka Kunow, Gisela Fichtl
Redaktion: Jürgen Fischer
Redaktionsassistenz: Christine Rüber

DTP: Agentur: Satz & Zeichen, Karin Lochmann, 83071 Stephanskirchen
Umschlaggestaltung: Agentur Buttgereit & Heidenreich, 45721 Haltern am See
Druck: freiburger graphische betriebe, 79108 Freiburg

Zur Herstellung der Bücher wird nur alterungsbeständiges Papier verwendet.

Die Autoren

Dr. Andreas Edmüller

ist Privatdozent, lehrt Philosophie an der Universität München und hat einen Lehrauftrag für Leadership an der Universität Innsbruck. Seit 1991 selbständiger Berater und Trainer (Projekt Philosophie).

Dr. Thomas Wilhelm

ist selbständiger Berater und Trainer für öffentliche Institutionen, Dienstleistungsunternehmen und Industriebetriebe. Jahrelange Erfahrung als Seminarleiter sind in diesen TaschenGuide eingeflossen (Projekt Philosophie).

Weitere Literatur

„Workshops – Vorbereiten, durchführen, nachbereiten" von Susanne Beermann und Monika Schubach, 128 Seiten. Haufe, € 6,90, ISBN 978-3-448-09324-7, Bestell-Nr. 01308

„Coaching – sich und andere zum Erfolg führen", von Rainer Niermeyer. 180 Seiten, € 24,95. Haufe, ISBN 3-448-07501-4, Best. Nr. 00589